Encyclopédie Illustrée
BIOLOGIE

de Corinne Stockley

conçu par Nerissa Davies

Traduit par Jean-Jacques Schakmundès

Conseillers scientifiques : Dr Hugues Picot, Dr Margaret Rostron et Dr John Rostron

Illustrations de Kuo Kang Chen

Usborne Editeur

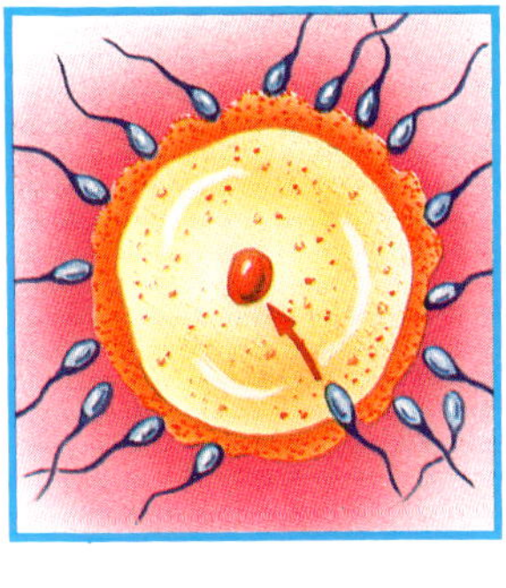

Sommaire

Première publication en 1986, Usborne Publishing Ltd, 20 Garrick Street, London WC2E 9BJ, Angleterre.

Imprimé en Grande-Bretagne

A propos de ce livre

La biologie est l'étude des êtres vivants. Elle peut être partagée en deux grands chapitres : 1) La botanique ou étude des végétaux ; 2) La zoologie ou étude des animaux. Cinq sections repérées par des couleurs divisent l'ouvrage :

Section jaune Introduction générale sur les êtres vivants.

Section bleue La botanique

Section verte La zoologie / 1re partie traitant des animaux en général

Section rouge La zoologie / 2e partie traitant plus spécifiquement de la biologie humaine (dans de nombreux cas, ce qui est dit sur les animaux vertébrés dans la section précédente s'applique également aux êtres humains - cf. page 113).

Section noir et blanc Cette section regroupe des informations communes aux sections précédentes sous la forme de tableaux, schémas, diagrammes, classifications et index des termes utilisés dans le corps de l'ouvrage.

Comment se servir de ce livre

Ce livre peut être utilisé comme un dictionnaire ou comme un manuel de révision scolaire. Les définitions sont regroupées d'une manière thématique : tous les termes concernant le même sujet sont classés ensemble et dans la plupart des cas sur deux pages se faisant face. Les différents sujets sont mentionnés dans le sommaire, page 2. L'index général (pages 115 à 128) constitue le dictionnaire alphabétique des références citées et donne les numéros de pages des références principales et secondaires. Voir page 115 pour l'utilisation précise de cet index.

Sachez vous servir de ce livre

1. Chaque définition importante est précédée d'un point et le terme de référence est imprimé en lettres grasses, par exemple :

   • **Cytoplasme**

2. Les synonymes suivent également, par exemple :

   • **Erythrocytes ou globules rouges**

3. Beaucoup d'autres mots sont imprimés en gras. Cela signifie qu'ils sont définis là où ils apparaissent ou encore qu'ils sont déjà apparus dans les deux pages en cours de consultation.

4. Si un terme en caractères gras est doté d'un astérisque (*), il est défini quelque part dans le livre et cette référence se trouve en bas de page.

5. Voici un exemple de références de bas de page :
***Téguments**, 30 (**Ovules**) ; **Noyau**, 10 ; **Stigmate**, **Style**, 29.
(Le mot **téguments** peut être trouvé à l'endroit de la référence **Ovules** de la page 30).

Les êtres vivants et leur environnement

Le monde peut être divisé en un certain nombre de régions, chacune peuplée de sa propre végétation et de ses propres espèces animales. Plantes et animaux se sont adaptés à leur propre **environnement** (voir **adaptation rayonnante**, page 9), et leurs existences sont intimement imbriquées en un réseau extrêmement complexe d'interdépendance. L'environnement est influencé par un certain nombre de facteurs comme la température, l'humidité, l'éclairement **(facteurs climatiques)**, les propriétés chimiques du sol **(facteurs édaphiques)** et l'activité des êtres vivants **(facteurs biotiques)**. L'étude de l'interrelation entre les plantes, les animaux et l'environnement porte le nom d'**écologie**.

• **Biosphère**. C'est l'ensemble des couches terrestres (y compris les océans et l'atmosphère) qui abritent les êtres vivants, limitées au-dessus par la haute atmosphère et au-dessous par les couches de roches non habitées par la vie.

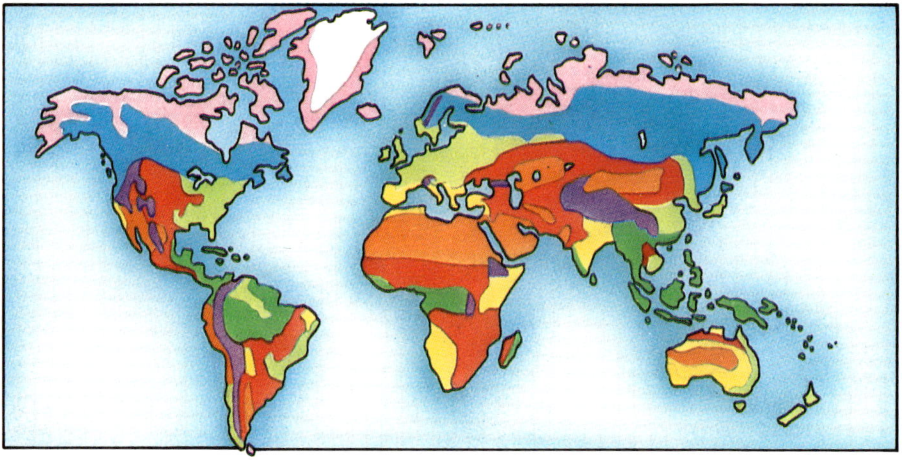

Légende des couleurs

Toundra. Très froide et venteuse. Plantes dominantes : lichens* et buissons ras. Animaux : bœuf musqué entre autres.

Forêt de conifères*. Basses températures toute l'année. Plante dominante : épicéa. Animaux dominants : renne, caribou.

Forêt caduque*. Etés chauds, hivers froids. Plantes dominantes : hêtre entre autres. Nombreux animaux (renards entre autres).

Forêt tropicale. Températures élevées toute l'année. Fortes précipitations. Grande variété de plantes et d'animaux.

Savane herbeuse. Plantes dominantes : graminées mais, si pluies abondantes, arbres dispersés. Animal typique : girafe.

Désert. Très chaud le jour mais froid la nuit, très peu de pluies. Plantes dominantes : cactées. Animaux : chameaux, scorpions.

Autres zones

Maquis

Glaces

Montagnes

• **Biomes**. Ce sont les grandes régions écologiques qui constituent la surface de la Terre. Chacune a ses caractéristiques : saisons, durée des jours, pluviométrie et températures minimum et maximum. Les principaux **biomes** sont la **toundra**, **les forêts de conifères**, **les forêts caduques**, **les forêts tropicales**, **le maquis**, **la savane** et **le désert**. Les noms viennent de la végétation dominante car elle détermine le reste de la chaîne écologique. Chacune de ces régions constitue l'habitat géant (macrohabitat) de nombreuses espèces.

***Conifères**, 111 ; **Caduques**, 8 ; **Lichens**, 114.

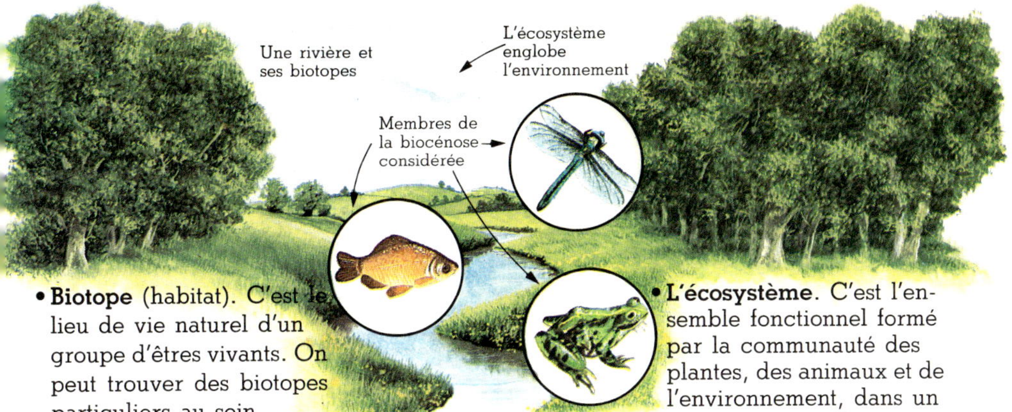

• **Biotope** (habitat). C'est le lieu de vie naturel d'un groupe d'êtres vivants. On peut trouver des biotopes particuliers au sein d'habitats étendus (une rivière dans une forêt). De très petits habitats spécialisés sont appelés des micro-biotopes (un arbre en décomposition).

• **Biocénose**. Ensemble des plantes et des animaux trouvés dans un même habitat. Ils interagissent les uns avec les autres et avec leur environnement.

• **L'écosystème**. C'est l'ensemble fonctionnel formé par la communauté des plantes, des animaux et de l'environnement, dans un habitat donné. Un écosystème est une unité autonome : les interactions de l'ensemble fournissent aux individus tout ce qui leur est nécessaire pour vivre (voir aussi pages 6-7).

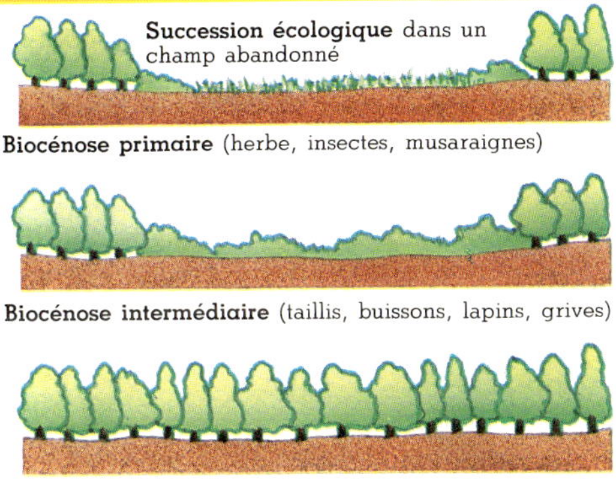

Biocénose primaire (herbe, insectes, musaraignes)

Biocénose intermédiaire (taillis, buissons, lapins, grives)

Biocénose tertiaire (chênes, hêtres, renards, blaireaux, fauvettes)

• **La succession écologique**. C'est un processus qui se développe chaque fois qu'un territoire « neuf » est colonisé — le sol après un feu de forêt, un champ laissé en friche, une maison en ruine, etc. Au cours des années, différents types de plantes et d'animaux qui en dépendent vont se succéder dans l'environnement en question, jusqu'à l'avènement d'une biocénose d'équilibre. Celle-ci, très stable, va vivre là sans modification tant que les conditions seront les mêmes (climat, ou autre).

• **La niche écologique**. C'est l'ensemble des ressources de l'environnement (nourriture, espace, énergie, temps), utilisées par une plante ou un animal. Le principe de Gause établit que deux espèces différentes ne peuvent pas occuper une même niche écologique en même temps. Si c'était le cas, l'une des deux mourrait ou serait chassée par la plus forte. Ex. : le courlis et le pluvier gris se trouvent ensemble (en hiver) dans les estuaires anglais, se nourrissant de vers et d'escargots. Le courlis fouille la vase de son long bec tandis que le pluvier, au contraire, reste à pied sec pour récolter sa nourriture sur le sol dur (son bec court ne lui permet pas de faire comme le courlis). Les deux espèces ont le même biotope mais pas la même niche écologique.

Un écosystème

Un **écosystème** est un ensemble d'espèces (plantes et animaux) vivant en interaction, entre elles et avec l'environnement qui les héberge, de manière à former une unité fonctionnelle autonome.

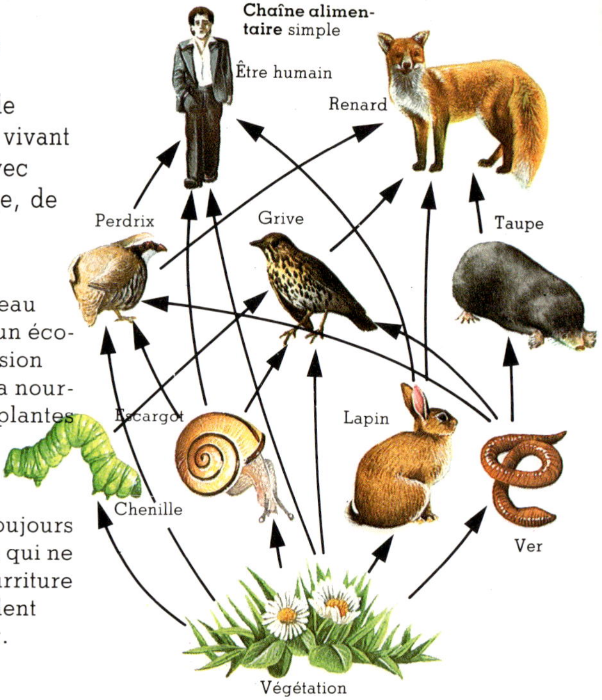

- La **chaîne alimentaire**. Le réseau complexe de la nourriture dans un écosystème est formé d'une succession d'êtres vivants dont chacun est la nourriture de celui qui le suit. Les plantes fabriquent leurs nutriments à partir de substances inertes grâce à la **photosynthèse*** (elles sont **autotrophes**) et sont toujours en début de chaîne. Les animaux qui ne peuvent élaborer leur propre nourriture (ils sont **hétérotrophes**) dépendent donc des plantes pour subsister.

Schéma de **chaîne alimentaire** avec ses quatre **niveaux trophiques** :

Producteurs	→	Consommateurs primaires	→	Consommateurs secondaires	→	Consommateurs tertiaires
Producteurs : Plantes vertes : fabriquent leur propre nourriture. **(Niveau trophique T1)**	→	**Consommateurs primaires herbivores** : se nourrissent de plantes vertes. L'énergie vient de la consommation du niveau trophique T1. **(Niveau trophique T2)**	→	**Consommateurs secondaires carnivores** : se nourrissent de viande d'herbivores. L'énergie vient de la consommation du niveau trophique T2. **(Niveau trophique T3)**	→	**Consommateurs tertiaires carnivores** : se nourrissent de viande de plus petits carnivores. L'énergie est obtenue par la voie la plus indirecte : ingestion d'animaux (type T3) qui ont mangé des animaux (type T2) qui ont mangé des végétaux (type T1). **(Niveau trophique T4)**

N.B. :

1) Les **omnivores** (l'homme, par exemple) mangent à la fois des plantes et de la viande. Ils se placent donc en T2 ou en T3 (ou T4).

2) Beaucoup de carnivores mangent à la fois des carnivores et des herbivores. Ils se placent donc parfois en T3 et parfois en T4.

- **Le niveau trophique** où se situe un organisme vivant dans la **chaîne alimentaire**. A chaque niveau, une énorme part de l'énergie consommée est dilapidée. Une vache ne transforme qu'une faible partie de l'herbe qu'elle mange en viande : le reste est perdu pour produire son énergie vitale. Le carnivore ne retrouvera qu'une très faible part du matériau alimentaire primaire (les végétaux) quand il en mangera. La conséquence de cette perte est la **pyramide des nombres** : plus le niveau trophique est élevé, moins il comprend d'individus puisqu'ils doivent ingérer une plus grande quantité de matière pour disposer d'assez d'énergie.

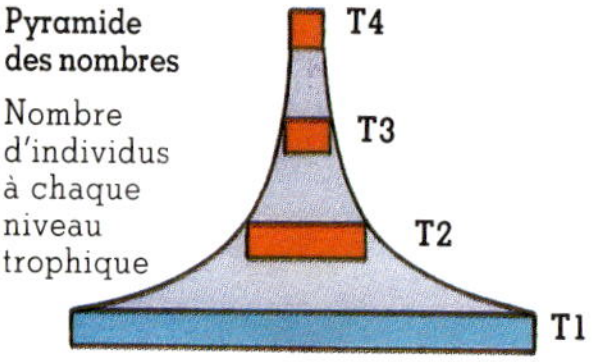

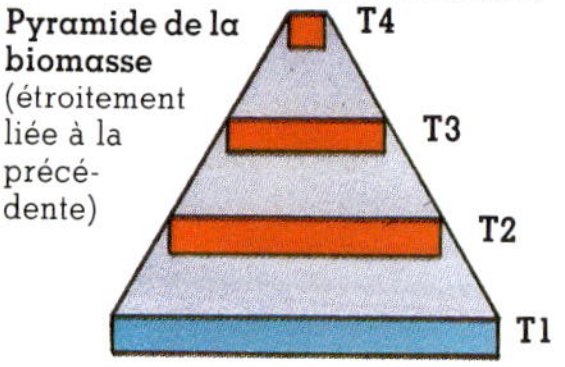

La masse totale des individus à chaque niveau décroît plus lentement que ci-dessus car les animaux de niveau supérieur sont en général plus gros.

* **Photosynthèse**, *26*.

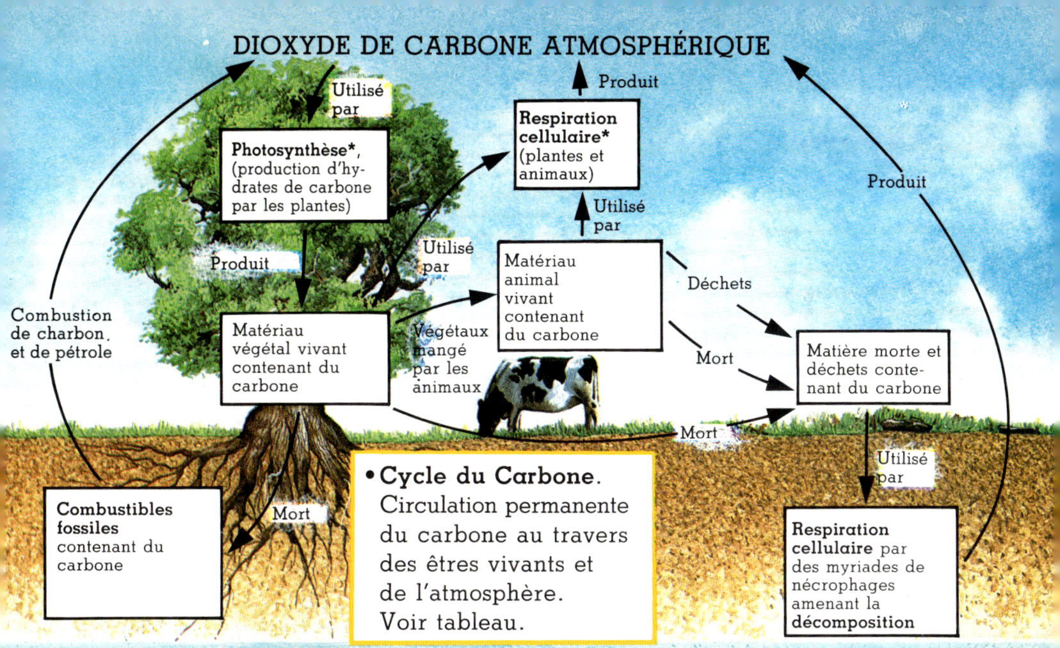

• **Cycle du Carbone.** Circulation permanente du carbone au travers des êtres vivants et de l'atmosphère. Voir tableau.

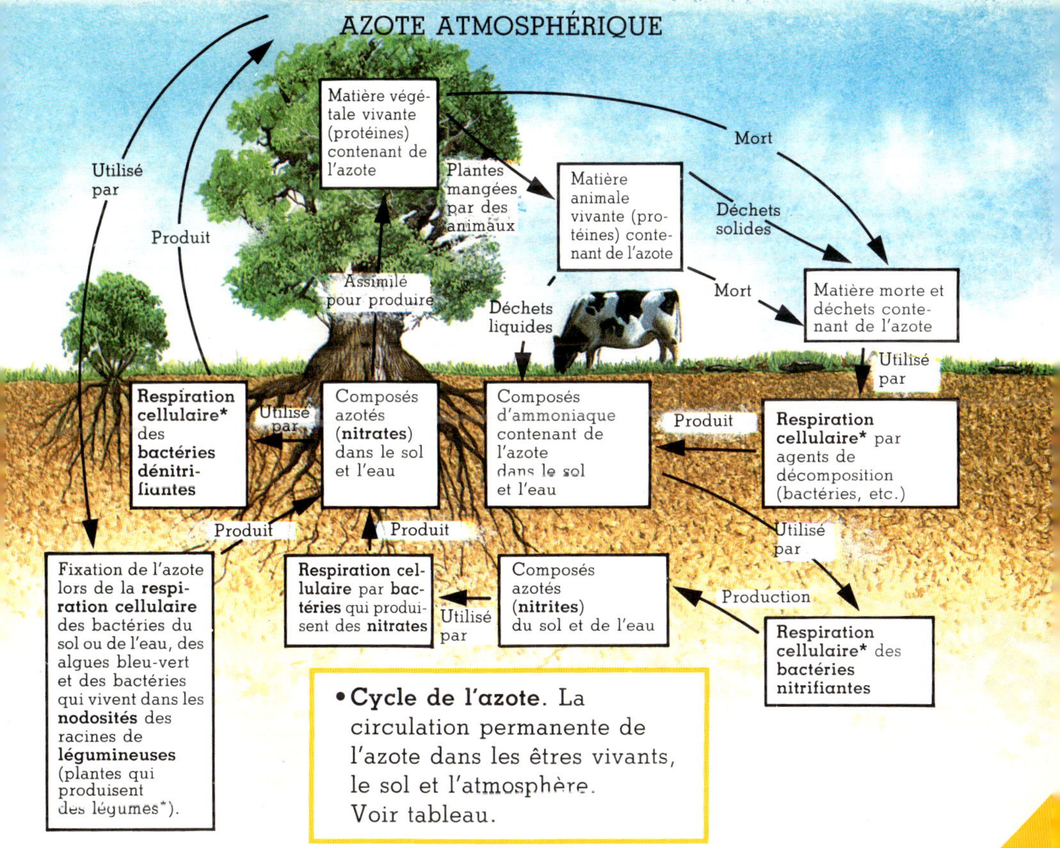

• **Cycle de l'azote.** La circulation permanente de l'azote dans les êtres vivants, le sol et l'atmosphère. Voir tableau.

*Respiration cellulaire, 104 ; Légume, 34 ; Photosynthèse, 26.

La vie et les cycles biologiques

Tous les êtres vivants ont les mêmes fonctions de base caractéristiques de la vie : respiration, nourriture, croissance, sensibilité, mouvement, excrétion et reproduction. Le **cycle vital** d'un individu (plante ou animal) est le processus qui le conduit de sa naissance à sa mort à travers tous les stades intermédiaires (certains parfois assez radicaux, voir la **métamorphose**, page 49). Vous trouverez ci-dessous certains termes qui permettent de classer plantes et animaux en fonction de leur cycle vital, ou de décrire les caractéristiques de certains cycles particuliers.

- **Vivaces**. Plantes qui vivent de nombreuses années. Les **herbacées vivaces**, par ex. les delphiniums, perdent toutes leurs parties aériennes après chaque floraison et en produisent de nouvelles à la suivante. Les **plantes vivaces ligneuses** (arbres) produisent chaque année de nombreux tissus (**tissus secondaires***) sur ceux de l'an passé.

- **Bisannuelles**. Plantes qui vivent deux ans (carottes, par ex.). La première année, elles grandissent et emmagasinent de la nourriture. La seconde, elles produisent des fleurs et des graines puis meurent.

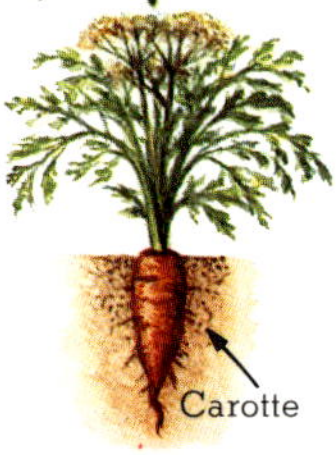

- **Annuelles**. Plantes (soucis) qui en un an, à partir d'une graine, fleurissent et meurent.

- **Herbacées**. Désigne des plantes qui ne développement pas de **tissu secondaire*** au-dessus du sol. Elles ressemblent à de l'*herbe*, ce qui les distingue des arbustes et des arbres.

- **Caduques**. Désigne des plantes vivaces dont les feuilles perdent leur **chlorophylle*** et tombent à la fin de chaque saison de croissance (hêtres, par exemple).

- **Persistantes**. Désigne des plantes vivaces qui ne perdent pas leurs feuilles chaque année (sapins).

- **Ephémères**. Plantes des lieux chauds et secs dont les conditions idéales de croissance durent très peu de temps. Elles doivent accomplir très rapidement leur cycle naissance, production des graines, mort. Chez les animaux, on trouve une espèce d'insectes dénommée précisément *éphémères* : sa durée de vie adulte varie entre quelques minutes et une journée.

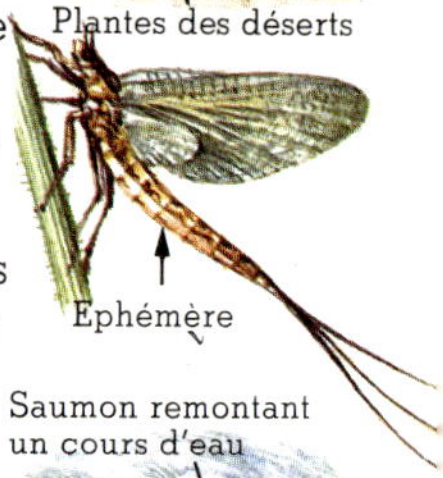

- **Anadromes**. Désigne les poissons qui vivent dans la mer mais remontent les rivières pour frayer (saumon). C'est une forme de **migration**. Les anguilles qui, à l'inverse, descendent les rivières vers la mer, sont dites **catadromes**.

***Chlorophylle**, 27 (**Pigments**) ; **Tissu secondaire**, 18.

• **Migration**. Déplacement saisonnier de certaines espèces. Elles quittent une région avant l'hiver pour trouver de la nourriture ailleurs puis font le chemin inverse pour se reproduire au printemps. La migration s'observe chez de nombreux animaux mais particulièrement chez les oiseaux.

• **Hibernation**. Période(s) d'activité très ralentie faisant partie du cycle biologique de nombreuses plantes et animaux. Les plantes hibernent lorsque les conditions d'une croissance normale ne sont pas réunies (en général en hiver). Certains animaux s'endorment lorsque la nourriture se fait rare. On parle soit d'hibernation soit d'estivation ; l'hibernation a lieu en hiver (cas typique des **mammifères***) et l'estivation en période de sécheresse (insectes).

Modes de vie

La diversité des êtres vivants dans le monde est étonnante et chaque espèce a son propre style de vie. Ce fait est le résultat de l'**adaptation évolutive**. Les êtres vivants peuvent être classés selon des caractéristiques communes, soit morphologiques (voir tableaux pages 110 à 113) soit par leurs modes de vie similaires (voir liste page 114).

• **Adaptation évolutive** ou **rayonnante**. Processus qui a permis, au cours du temps, l'apparition d'espèces différentes à partir d'un ancêtre préhistorique commun : chaque espèce s'est spécialisée, c'est-à-dire, a sélectionné les meilleurs caractères adaptés à son environnement : par exemple, la forme des

poissons et des oiseaux. D'autres espèces ont développé des protections (épines, aiguillons empoisonnés,

etc.). Ces adaptations sont devenues permanentes au fil des générations car les individus qui les possédaient étaient les plus aptes à vivre assez vieux pour se reproduire et perpétuer l'espèce. Ceci est la base de la théorie de la **sélection naturelle** de Darwin (le darwinisme), développée au milieu du XIXe siècle.

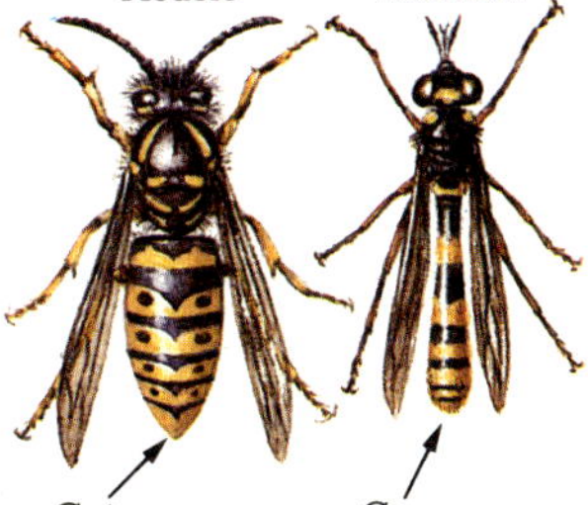

• **Mimétisme**. Type d'adaptation très particulier. L'espèce qui imite a développé au cours de l'évolution, une ressemblance avec une autre espèce-modèle, végétale ou animale. Ce mimétisme sert souvent à la protection (par exemple, des insectes sans aiguillon ont copié les couleurs de ceux qui en ont), mais peut avoir aussi d'autres objectifs : une espèce d'orchidée imite une abeille femelle pour attirer les mâles qui transportent le pollen (voir page 31).

*Mammifères, 113.

La structure des êtres vivants

Un être vivant capable d'avoir une existence autonome est appelé **organisme**. Tous les organismes sont faits de **cellules** — structures de base de la vie — qui sont chargées de toutes les fonctions chimiques vitales. Les organismes les plus simples sont constitués d'une seule cellule — **unicellulaires** — mais d'autres beaucoup plus complexes en ont des milliers ou même des milliards (l'être humain, par ex.). Chez ces **multicellulaires**, les cellules sont de types très différents selon les fonctions qu'elles remplissent. Des cellules de même type, assemblées, forment les différents **tissus** d'un organisme (le tissu musculaire, par ex.). L'assemblage de plusieurs tissus spécialisés forme un **organe** (l'estomac, par ex.) et des organes associés pour accomplir une fonction précise constituent un **système** (le système digestif, par ex.).

Les éléments d'une cellule

Les cellules peuvent avoir des aspects très divers mais elles sont toutes faites des mêmes éléments de base. Chacun d'eux a un rôle bien précis.

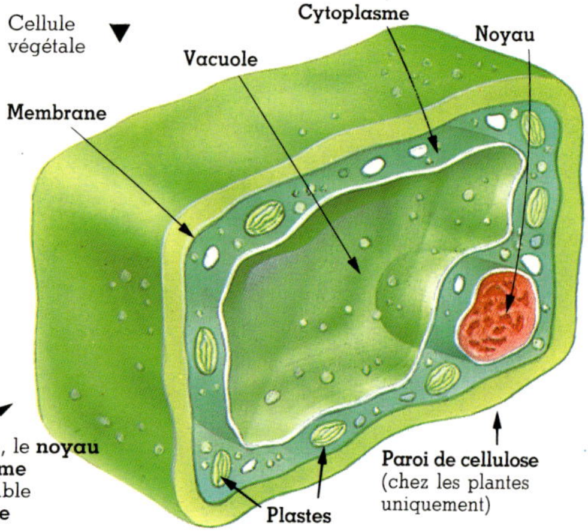

- **Membrane cellulaire**. Paroi externe de la cellule également appelée **membrane plasmique**. Elle est **semi-perméable*** c'est-à-dire qu'elle filtre sélectivement les substances.

La **membrane**, le **noyau** et le **cytoplasme** forment ensemble le **protoplasme**

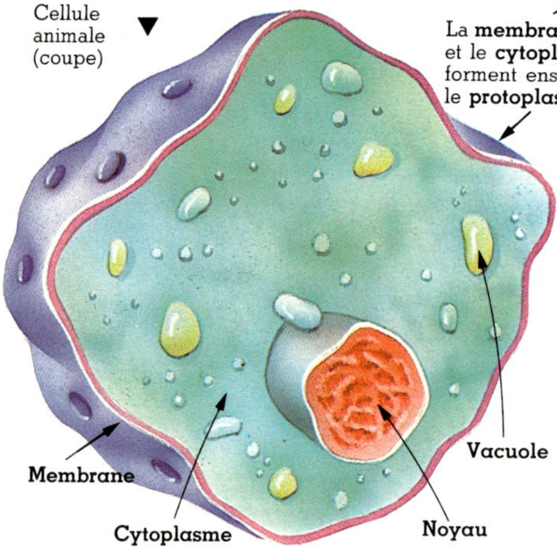

- **Noyau**. Centre de commande de toute la cellule. Sa double paroi (membrane nucléaire) enferme un liquide épais (**nucléoplasme**), un ou plusieurs **nucléoles*** et le matériel génétique, l'**ADN***. Celui-ci est stocké dans les **chromosomes*** — qui forment une masse filamenteuse, la **chromatine**, quand la cellule n'est pas en phase de division.
- **Vacuoles**. Cavités du cytoplasme, pleines de liquide. Dans les cellules animales, elles sont petites, temporaires et mobiles. Elles peuvent inclure des liquides par **pinocytose** (voir page 99) ou en secréter. Dans les cellules végétales, la vacuole est unique, grande, permanente et remplie de **sève** (solution de sels minéraux et de sucres).
- **Cytoplasme**. Milieu dans lequel toutes les réactions chimiques vitales se produisent (voir **organites**). La couche externe est gélatineuse et l'interne plus liquide (voir **ectoplasme** et **endoplasme**, fig. page 40).

***Chromosomes**, 96 ; **ADN**, 96 (**acides nucléiques**) ; **Nucléoles**, **Plastes**, 12 ; **Semi-perméable**, 99.

Les Organites

Les **organites** sont divers corpuscules du **cytoplasme**. Chacun (cf. liste ci-dessous et page 12) joue un rôle essentiel dans les réactions chimiques de la cellule.

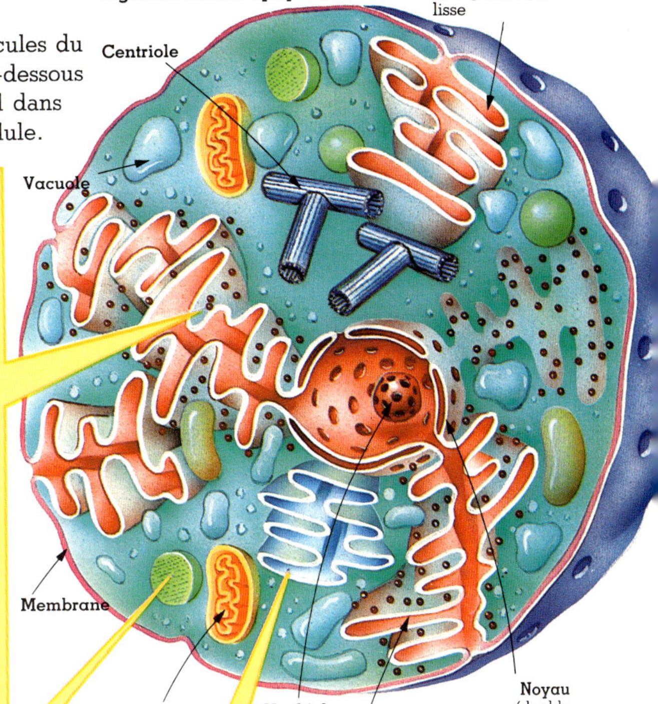

Mitochondrie, centriole et nucléole sont décrits page suivante.

• **Ribosomes**. Particules globuleuses liées au **reticulum endoplasmique**. Fabriquent les protéines à partir des acides aminés (voir page 100). Des informations *codées* (contenues dans l'**ADN** du **noyau**) sont transmises aux ribosomes par une substance appelée **ARN*** messager. Ceux-ci peuvent alors associer correctement les acides aminés pour en former des protéines. Dans les cellules, l'ARN est présent sous au moins deux autres formes : l'ARN ribosomal (cf. **nucléoles***) dans les ribosomes et l'**ARN** de transfert qui apporte les acides aminés aux ribosomes.

• **Lysosomes**. Capsules rondes contenant de puissantes **enzymes***. Ils capturent les corps étrangers (bactéries, par ex.) et les font digérer par les enzymes. Leur paroi externe ne laisse pas filtrer les enzymes sauf lorsque la cellule est lésée, la paroi les laisse alors s'échapper et la cellule se digère elle-même.

• **Appareil de Golgi** ou **dictyosome**. Variété de reticulum endoplasmique lisse qui collecte et distribue les substances produites par la cellule (protéines et déchets, par ex.). Les substances emplissent les sacs qui se gonflent à leurs extrémités en donnant des excroissances qui se séparent du corps principal pour former des **vacuoles**. Ces vacuoles vont alors sortir de la cellule en voyageant dans le **cytoplasme** et en franchissant la **membrane cellulaire.**

• **Reticulum endoplasmique**. Un système complexe de sacs flasques repliés sur eux-mêmes à partir d'une ouverture de la **membrane cellulaire** et rejoignant la **membrane du noyau** (cf. noyau). Ils procurent de larges volumes disponibles pour des réactions chimiques, le stockage de substances ou la circulation de fluides. Le reticulum dont la surface est garnie de **ribosomes** est appelé **reticulum granuleux** et celui sans ribosomes est le **reticulum lisse.**

*Enzymes, 103 ; Nucléoles, 12 ; ARN, 96 (acides nucléiques)

Organites (suite)

- **Centrioles**. Deux éléments des cellules animales proches du **noyau**. Chacun est emprisonné dans une région dense du **cytoplasme** **(centrosome)**. Ce sont deux petits cylindres agencés en T. Chaque cylindre est constitué de neuf séries de trois minuscules tubes **(microtubules)**. Les centrioles sont indispensables à la division cellulaire.

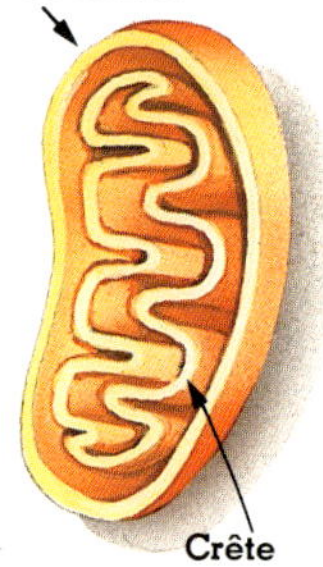

- **Mitochondries (chondriosomes)**. Corpuscules en forme de massue à double paroi externe. La paroi interne forme des replis **(crêtes)** procurant de larges surfaces pour les réactions chimiques spécifiques à cet organite. Les mitochondries sont chargées de produire de l'énergie à partir du **catabolisme** des substances absorbées par la cellule (voir **respiration aérobie**, page 104).

- **Nucléoles**. Corps ronds logeant dans le **noyau**. Ils produisent les composants des **ribosomes*** **(ARN ribosomique** entre autres) qui sont véhiculés à travers la membrane du noyau et assemblés dans le **cytoplasme***.

- **Plastes**. Corpuscules logeant dans le **cytoplasme*** des cellules végétales. Certains **(leucoplastes)** stockent de l'amidon, des graisses ou des protéines. D'autres **(chloroplastes*)** contiennent de la **chlorophylle** indispensable à la nourriture de la cellule.

Division cellulaire

La **division cellulaire** est la scission d'une cellule, la **cellule-mère**, en deux individus identiques, les **cellules-filles**. Il existe deux types de division cellulaire, mais elles impliquent toutes les deux la division du **noyau* (caryocinèse)** et du **cytoplasme* (cytocinèse)**. Le 1er type de division cellulaire **(mitose binaire)** est décrit dans ces deux pages. Elle produit les nouvelles cellules nécessaires à la croissance de l'individu et au remplacement de celles qui meurent chaque jour par millions (malades ou usées). Cette **division binaire** est aussi le mode de **reproduction asexuée*** de nombreux unicellulaires. Le second type de division (méïose) produit les **gamètes*** (cellules sexuelles) qui vont s'associer pour former un nouvel individu (voir pages 94-95).

- **Mitose**. Division binaire du **noyau*** dans une cellule animale ou végétale, aux fins de croissance ou de remplacement. Elle aboutit à deux nouveaux noyaux **(noyaux-fils)** qui possèdent le même nombre de **chromosomes*** (porteurs de l'information génétique héréditaire) que le noyau d'origine **(nombre diploïde)**. Chaque espèce a son propre nombre diploïde spécifique, c'est-à-dire que toutes ses cellules — à l'exception des **gamètes*** — contiennent exactement le même nombre de chromosomes, groupés en paires de **chromosomes homologues**. Les humains ont 46 chromosomes, groupés en 23 paires. Bien que la mitose se déroule de façon continue, elle peut être décomposée pour l'exposé en 4 phases. Entre chaque phase de la mitose, il y a une **interphase**.

*__Reproduction asexuée__, 92 ; __Chlorophylle__, 27 (__Pigments__) ; __Chloroplaste__, 27 ; __Chromosome__, 96 ; __Cytoplasme__, 10 ; __Gamète__, 93 ; __Noyau__, 10 ; __Ribosome__, 11.

• **Interphase**. Période entre deux divisions. Ce sont des périodes très actives durant lesquelles la cellule, non seulement met en œuvre tous les processus nécessaires à la vie de la cellule (nourriture, excrétion, etc.), mais encore prépare des copies de tous ses composants (organites) afin que les cellules-filles en soient également dotées après la division. Juste avant le début de la **mitose**, les filaments de **chromatine*** se dédoublent, de sorte qu'après s'être enroulé sur lui-même, chaque **chromosome*** soit constitué de deux **chromatides** (voir **prophase**).

Phases de la **mitose**

Prophase

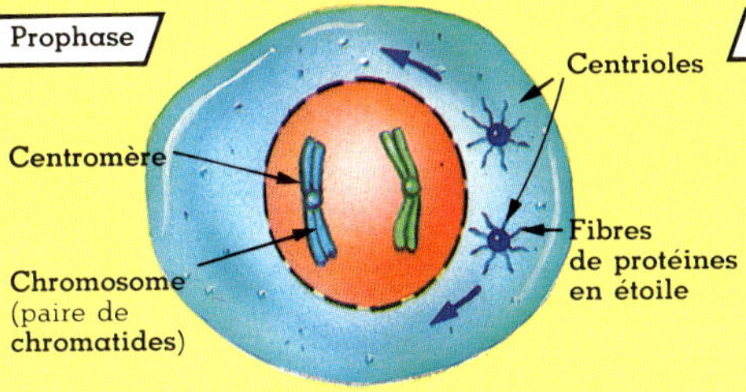

Les filaments de **chromatine*** dans le **noyau*** s'enroulent pour former des **chromosomes*** et la **membrane nucléaire*** disparaît. Chacun s'est déjà dédoublé pour former deux éléments identiques (**chromatides**) reliés par une petite sphère (**centromère**). Les deux **centrioles** se déplacent vers chacun des deux pôles de la cellule.

▼

Métaphase

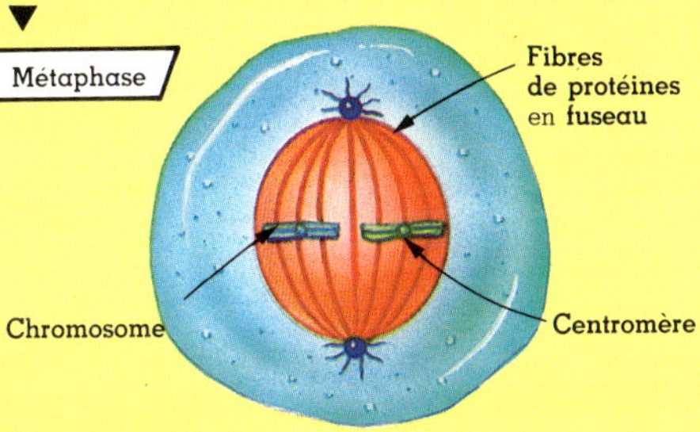

Les **centrioles** opposés lancent l'un vers l'autre des fibres de protéines formant une sphère ou **fuseau**. Les **chromosomes*** (paires de **chromatides**) se déplacent vers l'équateur de cette sphère et se fixent sur les fibres du fuseau par leur **centromère**.

▼

Anaphase

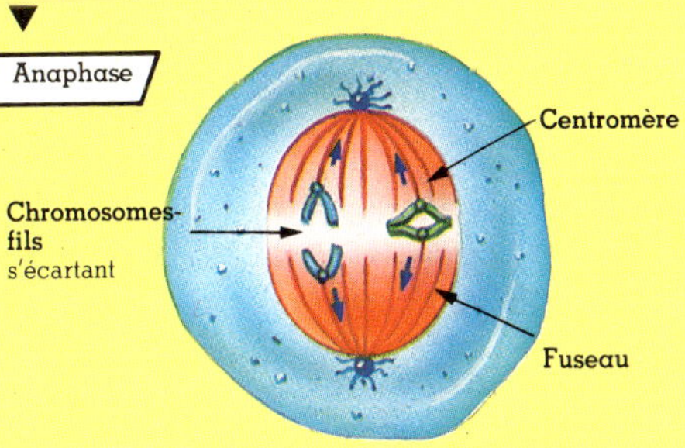

Les **centromères** se dédoublent et les deux **chromatides** de chaque paire (appelés désormais **chromosomes-fils**) se déplacent vers chaque pôle du **fuseau**, comme tirés par les contractions des fibres.

Télophase

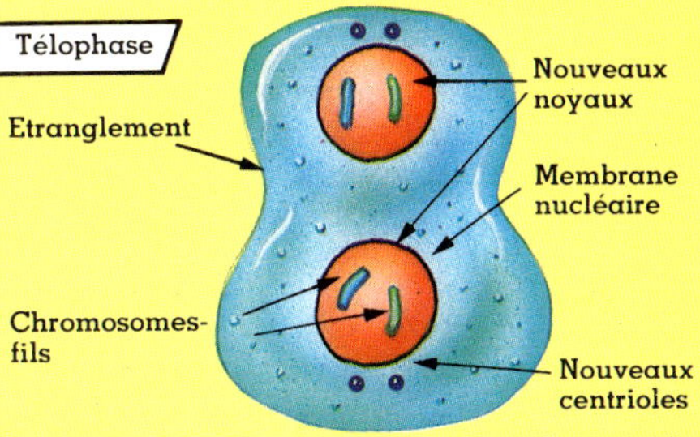

Les fibres disparaissent ainsi que les rayons des **centrioles**. Une nouvelle **membrane nucléaire*** se forme autour de chaque nouveau groupe de **chromosomes-fils**. Il y a donc à présent deux nouveaux **noyaux*** dans lesquels les chromosomes se redéroulent pour reformer une masse de filaments (**chromatine***). Les **centrioles** se dédoublent également, de sorte qu'il y en aura une paire dans chaque nouvelle cellule (après la **cytocinèse**).

Cytocinèse ▼

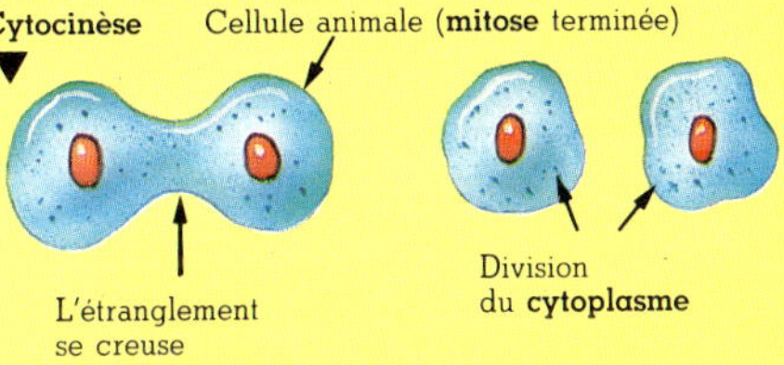

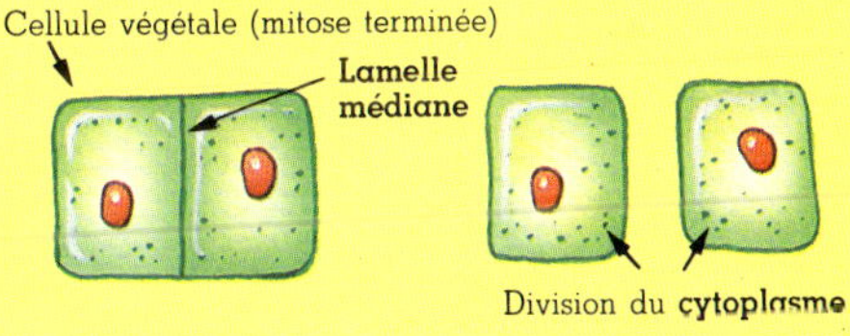

• **Cytocinèse**. Division du **cytoplasme*** et formation de deux nouvelles cellules autour des deux nouveaux **noyaux** formés par **mitose** (ou **méïose***). Dans la cellule animale, la division se crée par étranglement de la partie médiane. Dans la cellule végétale, en son milieu, se forme une lamelle de chaque côté de laquelle se constitue une nouvelle paroi cellulaire*.

*Paroi cellulaire, 10 ; Chromatine, 10 (Noyau) ; Chromosomes, 96 ; Cytoplasme, 10 ; Méïose, 94 ; Membrane nucléaire, 10 (Noyau)

Les plantes vasculaires

A l'exception des algues et des champignons (voir tableau pages 110-111), les végétaux sont vascularisées. Cela signifie qu'elles ont toutes un système complexe de circulation des liquides appelé **tissu vasculaire**. Pour en savoir plus sur cette circulation des liquides, reportez-vous pages 24 et 25. Toutes les plantes vasculaires font partie de la **division des Trachéophytes** (voir page 111).

• **Tissu vasculaire**. Tissu particulier qui constitue l'essentiel d'une **plante vasculaire**. Il permet à la séve de se déplacer dans la plante et à celle-ci d'avoir une rigidité suffisante. Dans de jeunes pousses, ce tissu est disposé en faisceaux accolés ; dans les vieilles tiges, ce tissu forme un **cylindre vasculaire*** central, le cœur. Dans les jeunes racines, la disposition des tissus est un peu différente mais un cœur se forme tout de même par la suite. Pour en savoir plus sur le tissu vasculaire des végétaux âgés, reportez-vous page 18. Il existe deux types de tissu vasculaire : le **liber** et le **bois**, séparés par une assise génératrice de cellules : le **cambium**.

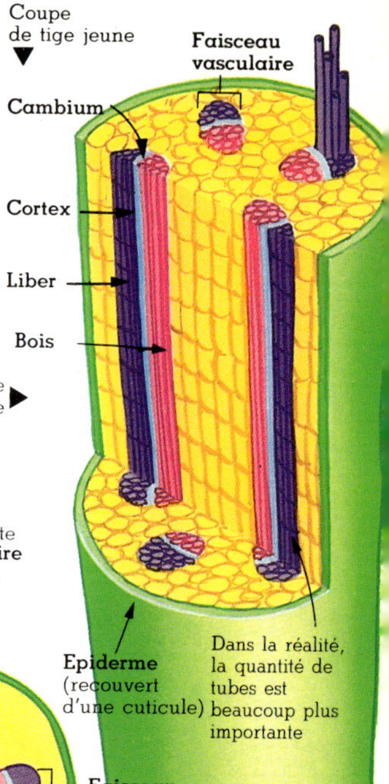

Les premiers **tissus vasculaires** formés dans une jeune plante sont : le **bois primaire** et le **liber primaire**.

Coupe transversale

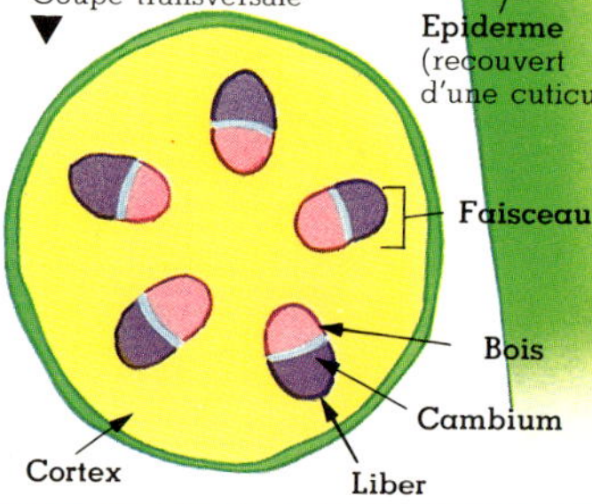

Constituants du tissu vaculaire

• **Bois**. Tissu qui véhicule l'eau dans la plante. Il est constitué de **vaisseaux**, étayés par des cellules longilignes **(fibres)**. Dans les plantes âgées, le bois central se dessèche et ses vaisseaux se comblent, formant ainsi le **bois de cœur***.

• **Liber**. Tissu qui distribue à toute la plante la nourriture élaborée dans les feuilles. Il est constitué de **tubes à sève**, étroitement entourés de **cellules de soutien**. Les cellules de soutien serviraient également au transport de certains liquides.

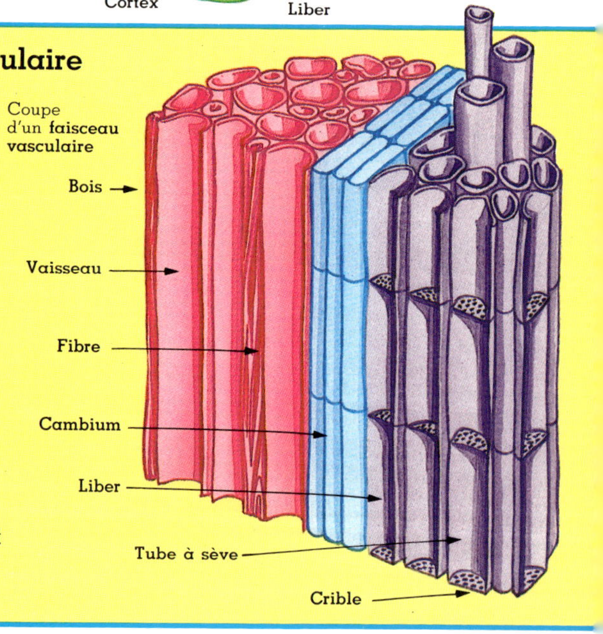

*Bois de cœur, 19 ; Cylindre vasculaire, 18.

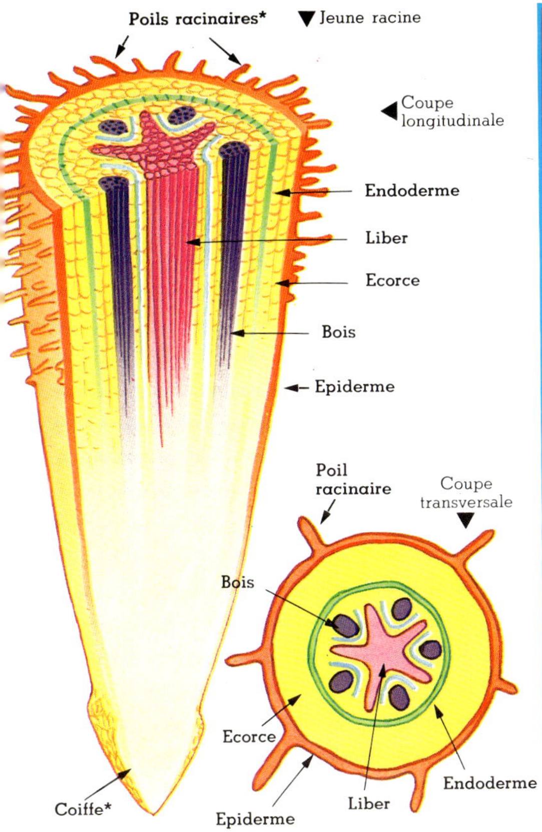

- **Vaisseaux**. Longs tubes de cellules ligneuses qui véhiculent de l'eau. Leurs parois sont rendues rigides par la **lignine**. Ils sont formés de chaînes de cellules dont les parois et le **protoplasme*** sont morts.

- **Tubes à sève**. Longues colonnes de cellules au sein du **liber**. Leurs **noyaux*** et leurs **protoplasmes*** ont disparu mais leurs parois d'interconnexion ont subsisté. Ces parois sont appelées **cribles** car elles sont percées de très petits orifices qui laissent passer la sève.

- **Cambium**. Couche de cellules étroites aux parois minces entre le **bois** vers l'intérieur et le **liber**, vers l'extérieur. Cette couche, appelée aussi assise génératrice a la capacité de se diviser pour donner naissance à des cellules de **bois** ou de **liber**. Des cellules de ce type forment un **méristème***.

Autres tissus des plantes vasculaires

- **Epiderme**. Mince couche de tissu qui recouvre toutes les parties d'une plante. En certaines zones, les feuilles par exemple, l'épiderme est percé d'une multitude de trous très fins, les **stomates***. Chez les individus âgés, l'épiderme des tiges est remplacé par du **liège***.
Sur les racines, il est d'abord remplacé par l'**exoderme*** puis par du liège.

- **Cuticule**. Couche externe très mince de substance cireuse, la **cutine**, produite par l'**épiderme** aérien. Elle empêche une évaporation trop rapide de l'eau des tissus.

- **Ecorce** (ou **cortex**). Couche de tissu immédiatement sous l'**épiderme** des tiges et des racines. ELle est formée de **parenchyme**, tissu à grandes cellules et espaces aériens. Chez certaines espèces, on trouve aussi du **collenchyme**, tissu de soutien, épais et solide. L'écorce a tendance à se laisser comprimer et remplacer par d'autres tissus avec l'âge.

- **Endoderme**. La couche la plus interne de l'écorce racinaire. Il contient des cellules spéciales qui renvoient vers le **tissu vasculaire** la sève égarée vers l'écorce.

- **Moelle**. Zone centrale des tiges et très rarement des racines. Elle est constituée de **parenchyme**, comme l'écorce, et sert parfois à stocker de la nourriture.

*Exoderme, 17; Méristème, 16; Noyau, 10; Liège, 19; Protoplasme, 10; Coiffe, Poils racinaires, 17; Stomates, 21.

Racines et tiges

Racines et **tiges** d'une plante constituent une structure rigide où circulent la sève (voir pages 14 et 15, 24 et 25). Leurs différents éléments sont décrits ci-dessous. Vous trouverez plus de détails sur leur développement aux pages 18 et 19.

- **Méristème**. Groupe de cellules où se produit la croissance. Les cellules du méristème ont une grande propension à la division et on les trouve en particulier à la pointe des racines **(zone de croissance)** ou au bout des tiges **(bourgeon terminal)** : on parle alors de **méristème apical**.

La tige

- **Pousse**. Tige nouvelle émergeant de la graine ou d'une tige plus ancienne.
- **Bourgeon**. Petit renflément d'une pousse. Donne soit une nouvelle tige soit une fleur.
- **Bourgeon axillaire**. Aussi appelé **bourgeon latéral** ou **secondaire**. Il est situé dans l'angle entre une nouvelle pousse et la tige sur laquelle il se forme.
- **Bourgeon terminal**. Il apparaît à l'extrémité d'une tige ou d'une pousse.

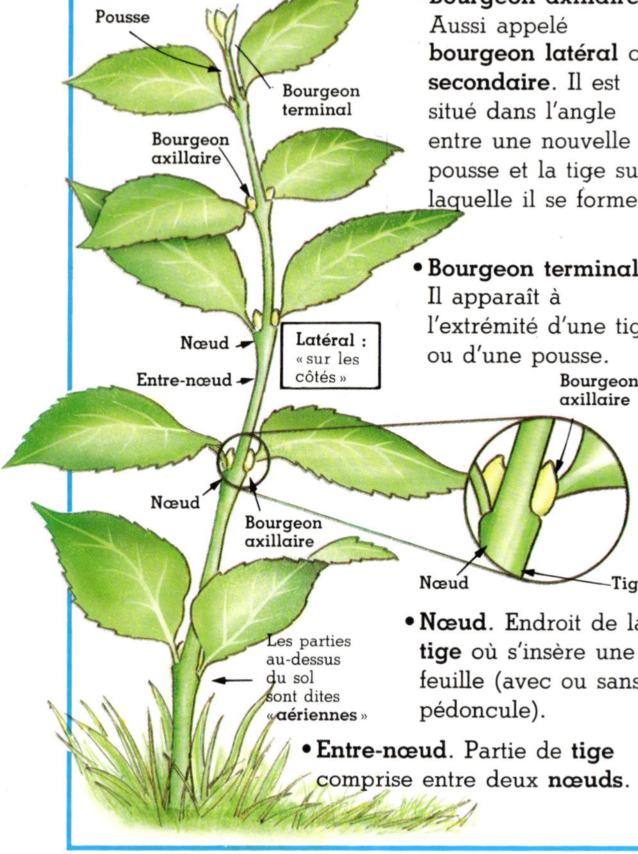

- **Nœud**. Endroit de la **tige** où s'insère une feuille (avec ou sans pédoncule).
- **Entre-nœud**. Partie de **tige** comprise entre deux **nœuds**.

La racine

- **Point de croissance**. C'est la zone extrême où se produisent les divisions cellulaires et la croissance de la plante.
- **Zone d'élongation**. Partie de la racine où se forment les nouvelles cellules juste au-dessus du **point de croissance**. Ces cellules s'étirent sous l'effet d'une absorption d'eau importante car leurs **parois*** ne sont pas encore rigides. C'est cette zone qui pousse la racine plus profondément dans le sol.

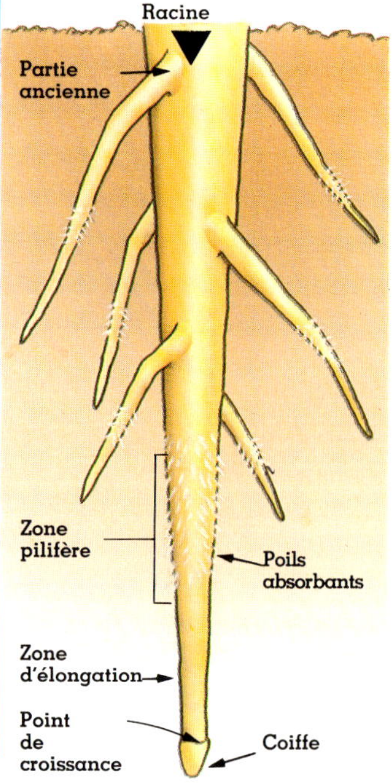

*__Paroi cellulaire__, 10.

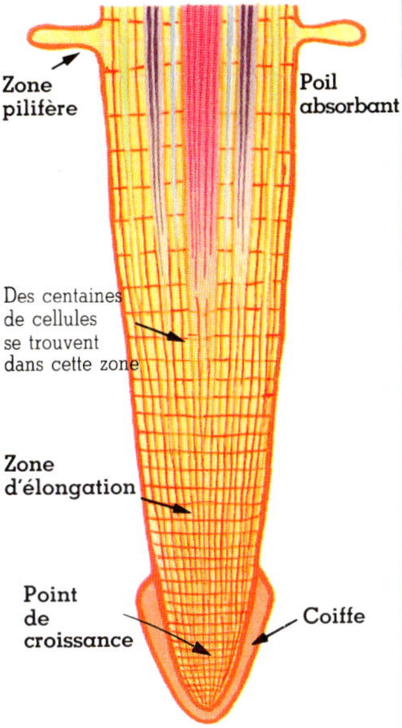

• **Zone pilifère**. Formée par la partie la plus récente de l'**épiderme*** d'une racine. Elle produit les **poils absorbants** et se trouve juste au-dessus de la **zone d'élongation**. En vieillissant les cellules nouvelles durcissent et donnent cette couche de cellules pilifères. La zone pilifère plus ancienne (plus haut sur la racine) cède la place à des cellules plus rigides, l'**exoderme**, qui est la partie la plus externe de l'**écorce***.

• **Poils absorbants**. Excroissances filiformes des cellules de la **zone pilifère**. Ils captent eau et sels minéraux.

• **Coiffe**. Formée de cellules résistantes qui protègent la pointe dans sa pénétration du sol.

Types de racines

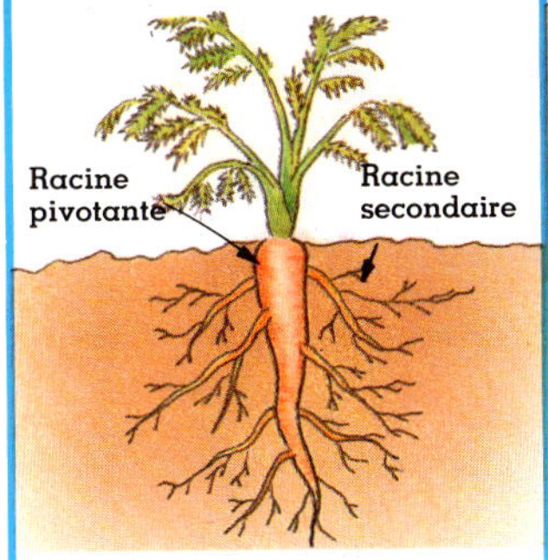

• **Racine pivotante**. Grosse racine centrale, **primaire**, entourée de **racines latérales**, **secondaires**, qui sortent du corps principal. Beaucoup de légumes sont en fait des racines pivotantes hypertrophiées, par exemple la carotte.

• **Racines fasciculées**. Système racinien composé de nombreux éléments de taille identique, produisant chacun des **racines latérales**.

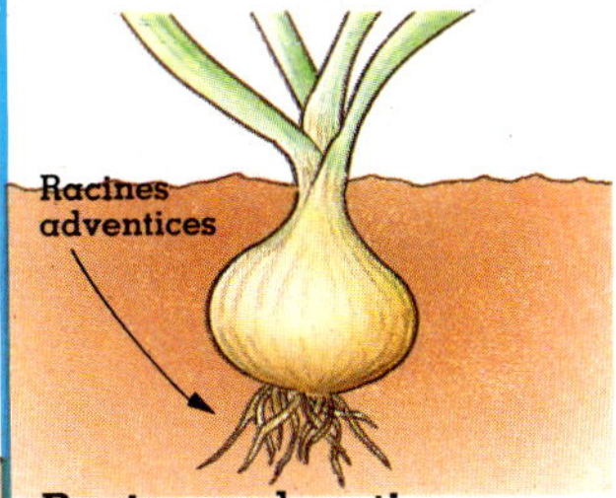

• **Racines adventices**. Elles poussent directement à partir de la tige. C'est le cas des **bulbes*** qui sont des tiges particulières, et des boutures.

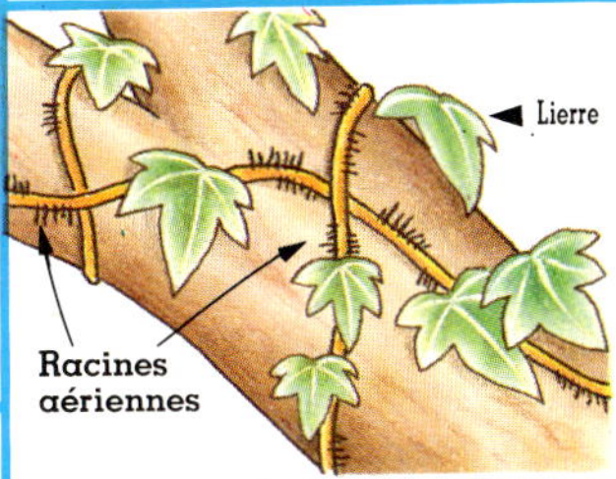

• **Racines aériennes**. Elles poussent sur les tiges mais ne s'enfoncent pas dans le sol. Elles permettent à des plantes telles que le lierre de grimper sur un tronc et à d'autres d'absorber l'humidité de l'air.

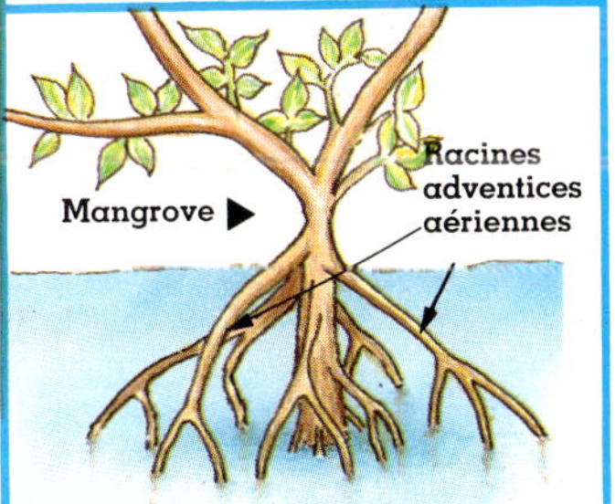

• **Racines adventices aériennes**. Racines adventices particulières émanant de la tige vers le sol. Elles étayent les végétaux très lourds ou les fixent dans un sol immergé instable. Par exemple, les palétuviers de la mangrove.

***Bulbe**, 34 ; **Ecorce**, **Epiderme**, 15.

Au cœur d'une plante adulte

Une plante qui vit de nombreuses années, comme un arbre, fabrique des **tissus secondaires** en vieillissant : de nouvelles couches de cellules viennent recouvrir le **tissu primaire***; ces cellules produisent de nouveaux vaisseaux vers l'intérieur et des tissus protecteurs vers la périphérie. Ce processus est appelé **épaississement secondaire** et existe chez toutes les plantes dites **ligneuses**.

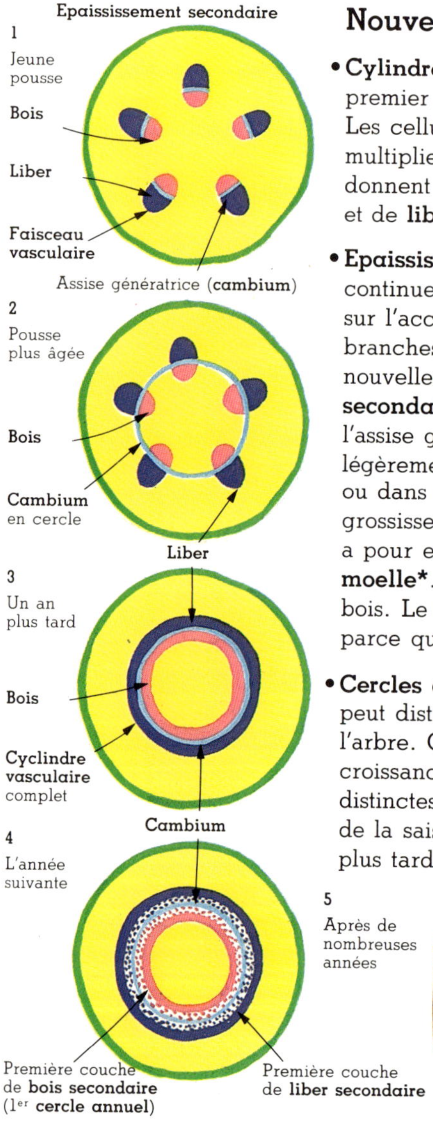

Nouveaux tissus internes

- **Cylindre vasculaire**. Il se forme dans les tiges au premier stade de l'**épaississement secondaire**. Les cellules de l'assise génératrice (cambium) se multiplient au milieu du **faisceau vasculaire*** et donnent naissance à de nouvelles cellules de **bois** et de **liber** formant finalement un cylindre continu.

- **Epaississement secondaire**. C'est la croissance continue de tissu vivant de la plante, débouchant sur l'accroissement du diamètre du tronc et des branches, par exemple. Chaque année, de nouvelles couches de **bois*** et de **liber* secondaires** sont produites par les cellules de l'assise génératrice (**cambium***). Le processus est légèrement différent selon qu'il a lieu dans la tige ou dans la racine mais le résultat est le même : le grossissement du cœur de tissu vasculaire ce qui a pour effet annexe de chasser progressivement la **moelle***. Ce cœur est constitué en majorité de bois. Le liber, par contre, ne s'élargit pas autant parce que le **bois** le repousse vers l'extérieur.

- **Cercles annuels**. Cercles concentriques que l'on peut distinguer sur une coupe transversale de l'arbre. Chacun d'eux représente une année de croissance du **bois*** et est constitué de deux zones distinctes : le **bois de printemps** produit au début de la saison et le **bois d'été**, plus dur, produit plus tard.

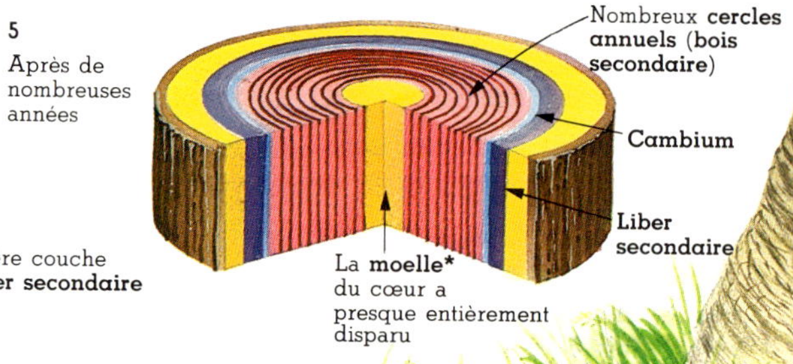

*Cambium, 15; Liber, 14; Moelle, 15; Tissu primaire, 14; Faisceaux vasculaires, 14 (tissu vascularisé); Bois, 14.

• **Bois de cœur**. Partie la plus ancienne du **bois*** dans une plante adulte. Les **vaisseaux** se sont comblés et ne véhiculent plus de fluides mais ils donnent de la rigidité à la plante.

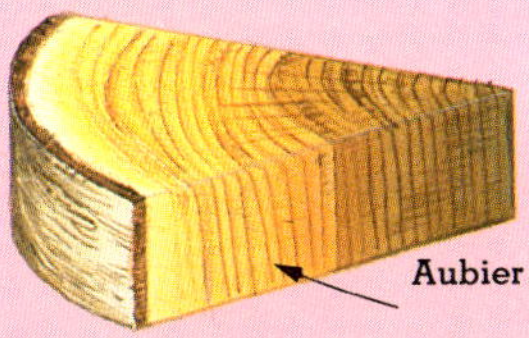

• **Aubier**. Partie externe du **bois** dans une plante adulte. Les **vaisseaux*** y sont opérationnels. Ils donnent rigidité à la plante et stockent les réserves de nourriture.

Nouveau tissu externe

En même temps qu'un nouveau **tissu vasculaire***, une plante adulte fabrique des tissus périphériques externes qui l'aident à se protéger. Ce sont, de l'intérieur vers l'extérieur : le **phelloderme**, le **phellogène** et le **phellem**. Ces trois tissus forment le **périderme** ou écorce.

• **Phellogène - Méristème*** central qui produit deux couches de cellules. Une vers l'intérieur du tronc, le **phelloderme** et l'autre, vers l'extérieur, le **phellem**.

• **Phelloderme**. Il consolide le **cortex** et est souvent appelé cortex secondaire.

• **Phellem**. C'est la couche la plus externe du cortex. Les cellules subissent une **subérisation**, c'est-à-dire qu'elles s'imprègnent de **subérine**, une cire végétale qui les rend imperméables. Les cellules jeunes du **phellem** repoussent à l'extérieur les plus anciennes des couches externes (**épiderme*** des tiges, **exoderme*** des racines). Lors de cette progression, les cellules meurent : le phellem mort constitue le **liège**.

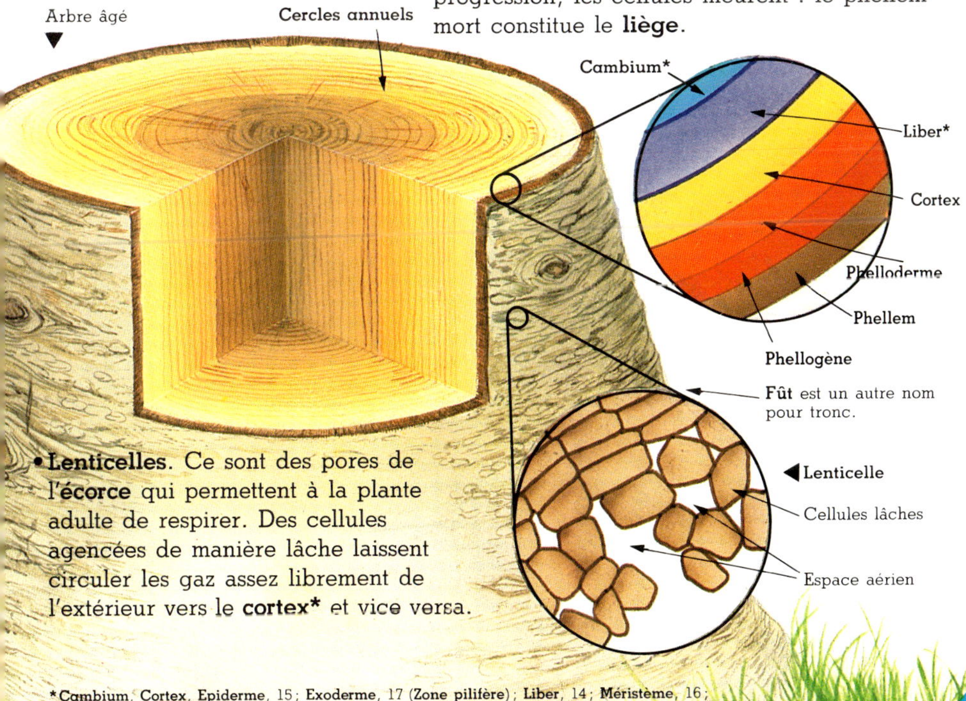

• **Lenticelles**. Ce sont des pores de l'**écorce** qui permettent à la plante adulte de respirer. Des cellules agencées de manière lâche laissent circuler les gaz assez librement de l'extérieur vers le **cortex*** et vice versa.

*Cambium, Cortex, Epiderme, 15 ; Exoderme, 17 (Zone pilifère) ; Liber, 14 ; Méristème, 16 ; Tissu vasculaire, 14 ; Vaisseaux, 15 ; Bois, 14.

Les feuilles

Les **feuilles** d'une plante constituent son **feuillage**. Elles sont particulièrement bien adaptée à la fabrication de nourriture. Elles y parviennent par un procédé appelé **photosynthèse**. Pour plus de précisions sur celle-là, reportez-vous pages 26 et 27. Les feuilles sont de deux grands types mais elles ont des tailles et des formes très diverses. Il y a les **feuilles simples** — un seul élément ou **limbe** — et les **feuilles composées** — plusieurs limbes ou **folioles** agencés de diverses manières mais se rattachant tous au même pétiole (voir page 22).

L'intérieur d'une feuille

- **Nervures**. Longues fibres de **tissu vasculaire*** courant dans l'épaisseur de la feuille, véhiculant l'eau, les sels minéraux et la nourriture élaborée par la feuille. Certaines feuilles ont des nervures longues et parallèles (herbe) mais la plupart ont une nervure principale, la **côte axiale**, dans le prolongement du pétiole. De la nervure principale partent de nombreuses petites nervures secondaires.

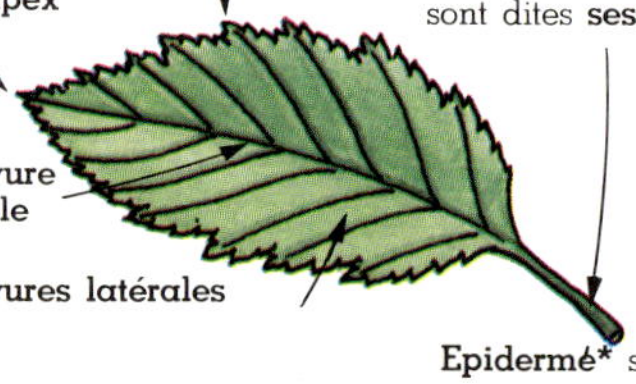

Feuille (coupe transversale) ▶

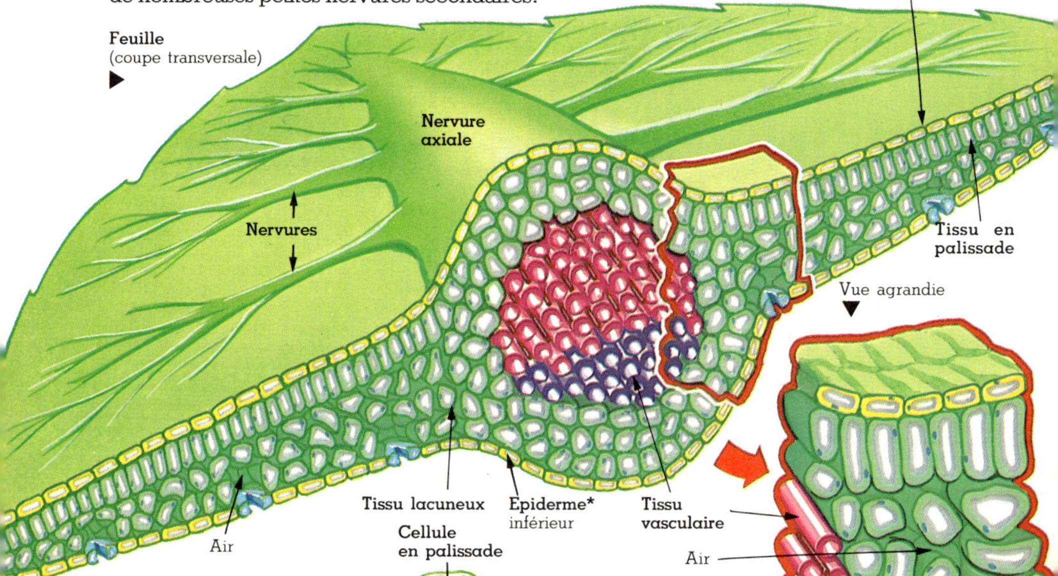

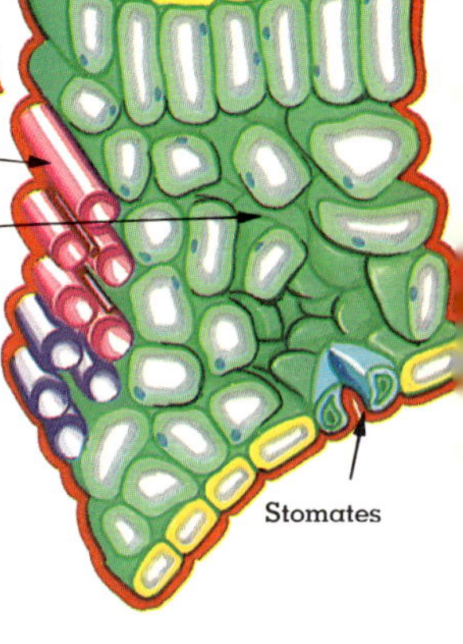

- **Tissu en palissade**. Couche de cellules allongées, rangées régulièrement et immédiatement sous la face supérieure de la feuille. Ces cellules contiennent de nombreux **chloroplastes***.

Cellule en palissade

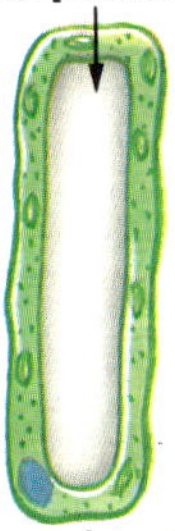

- **Tissu lacuneux**. Tissu de **cellules spongieuses** irrégulières et d'espaces où l'air circule. Les tissus en palissade et lacunaires forment ensemble le **mésophylle**.

***Chloroplastes**, 27 ; **Epiderme**, 15 ; **Tissu vasculaire**, **Transpiration**, 24.

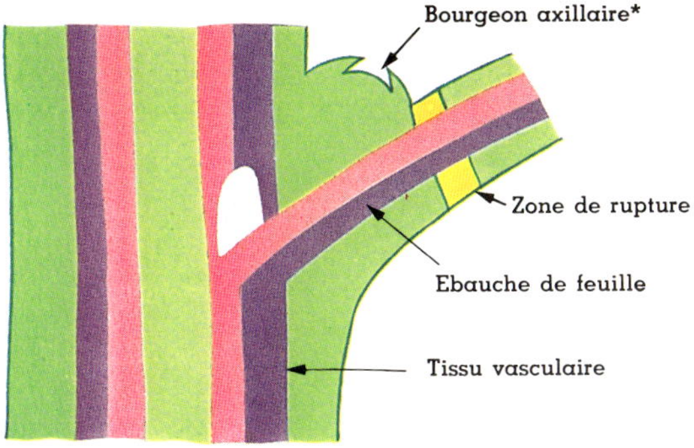

• **Ebauche**. Zone de **tissus vasculaires*** qui part de la tige pour donner les vaisseaux de la **nervure** principale

• **Zone de rupture**. Cellules de la base du pétiole qui permettent la séparation de la feuille du reste de la plante à certaines époques de l'année. La chute des feuilles est provoquée par une **hormone***. Il reste une cicatrice au point de séparation.

• **Stomates**. Orifices minuscules dans l'**épiderme***, au travers desquels se font les échanges d'air et de vapeur d'eau entre l'extérieur et l'intérieur de la feuille. On les trouve surtout à la face inférieure des feuilles. Ces orifices sont limités par deux cellules en forme de croissant qui en commandent l'ouverture ou la fermeture selon qu'elles sont plus ou moins **turgescentes***. Elles contiennent des **chloroplastes*** et contrôlent le débit des échanges de la respiration et de la **transpiration***.

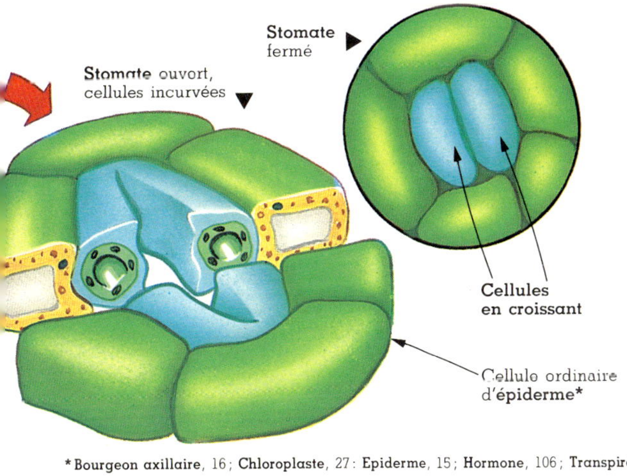

Feuilles spéciales

• **Stipule**. Petite feuille sans pétiole que l'on rencontre parfois à la base d'un pétiole.

• **Bractée**. Chez certaines plantes, feuille à la base du pétiole d'une fleur.

• **Vrille**. Feuille (ou parfois tige) en forme de ressort à boudin qui s'enroule ou se fixe sur un support quelconque.

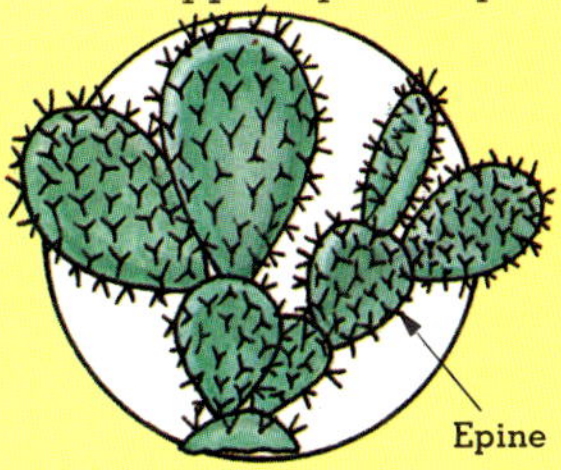

• **Epine**. Feuille modifiée pour réduire au maximum la déperdition d'eau, d'un cactus par exemple.

*Bourgeon axillaire, 16; Chloroplaste, 27: Epiderme, 15; Hormone, 106; Transpiration, 24; Tissu vasculaire, 14; Turgescence, 25.

Les feuilles composées

Voici quelques types de **feuilles composées**, d'agencements des **folioles*** qui les composent et de **bordures**. Les images ne sont pas toutes à la même échelle.

• **Palmées**. Les **folioles** (cinq ou plus) rayonnent d'un seul point central.

• **Trifoliées**. Trois **folioles** partent d'un seul point.

• **Ternaires**. Type spécial de trifoliée. Chaque foliole est composée de trois **lobes**.

• **Pennées**. Les folioles vont par paires opposées.

• **Bi/tripenné**. Une feuille pennée dont les folioles sont elles-mêmes pennées.

Divers agencements de feuilles

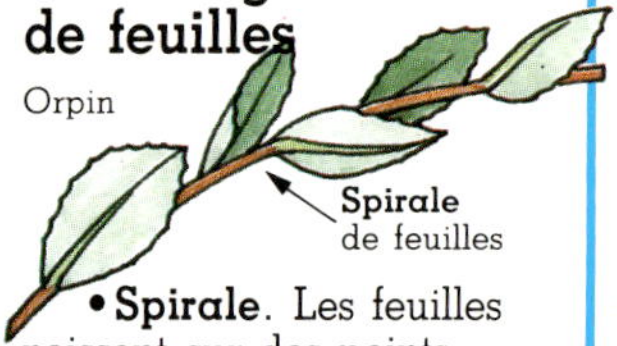

• **Spirale**. Les feuilles naissent sur des points répartis en spirale ascendante le long de la tige.

• **Opposition**. Les deux feuilles de chaque paire naissent sur deux points opposés de la tige.

• **Décussée**. Les paires sont opposées mais implantées alternativement à angle droit.

• **Verticille**. Les feuilles naissent en cercle d'un point unique.

• **Rosette basale**. Le verticille se forme à la base de la tige.

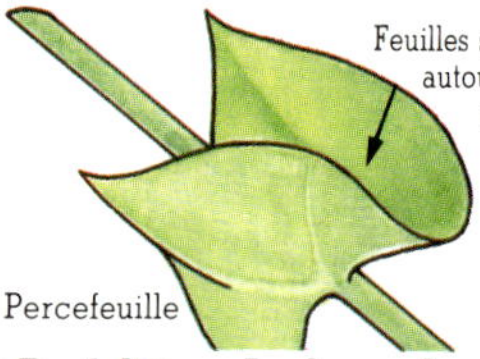

• **Perfoliées**. La base des feuilles simples ou doubles semble perforée par la tige.

Bord des feuilles

• **Entière**. La bordure de la feuille ne présente aucune indentation.

• **Dentelée**. La bordure présente de petites dents. Peut aussi être lobée.

• **Lobée**. Le bord forme des divisions plus ou moins arrondies.

*Folioles, 20.

Sensibilité végétale

Les plantes n'ont pas de système nerveux, mais elles ont pourtant une sensibilité, c'est-à-dire qu'elles réagissent à certaines stimulations. Elles réagissent en accroissant sélectivement certaines parties ou même en les déplaçant. C'est ce que l'on appelle le tropisme. Le tropisme positif est le mouvement ou la croissance en direction du stimulus. Le tropisme négatif est le mouvement inverse pour s'en éloigner.

- **Phototropisme**. Réaction à la lumière. Quand la lumière est celle du soleil, on parle d'héliotropisme. Feuilles et tiges ont tendance à se courber en direction de la source lumineuse.

- **Thigmotropisme** ou **haptotropisme**. Réaction au contact. Par exemple, les poils collants de la drosera qui s'enroulent autour de l'insecte qui vient s'y piéger.

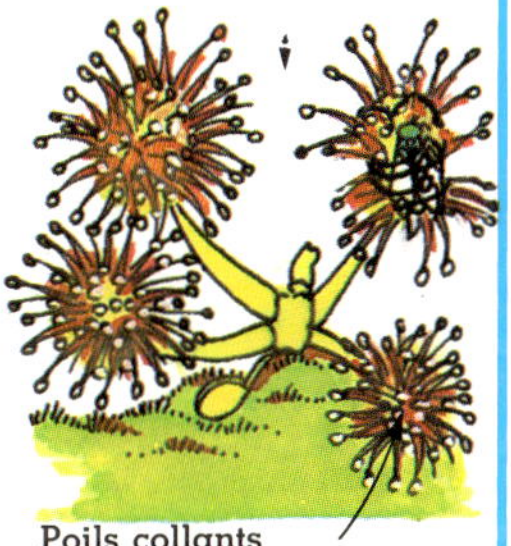

- **Hydrotropisme**. Réaction à l'eau. Par exemple, les racines peuvent aller chercher l'eau assez loin de l'environnement immédiat si c'est plus humide.
- **Géotropisme**. Réaction à l'attraction terrestre. Toutes les racines s'enfoncent dans le sol.

- **Photopériodisme**. Réaction des plantes à la durée du jour ou de la nuit (**photopériodes**) qui influe sur la production de fleurs, avec d'autres facteurs comme l'âge de la plante et la température. Certaines **plantes** ne produisent des fleurs que si la durée du jour est inférieure à une certaine valeur (appelée **durée critique**) alors que d'autres n'en produisent que si elle est plus longue. D'autres enfin fleuriront quelle que soit la durée du jour. Dès que les conditions sont réunies, un « message » sous forme d'**hormone***, la **florigène**, produite par les feuilles est envoyé aux zones florifères.

- **Hormones de croissance**. Substances qui déclenchent et régulent la croissance de la plante. Elles sont produites dans le **méristème*** (lieu où les cellules sont en continuelle multiplication. Les **auxines**, les **cytokinines** et les **gibberellines** sont quelques-unes des hormones de croissance.

***Hormones**, 106 ; **Méristème**, 16.

Circulation de la sève

Chez tous les végétaux, il y a une importante circulation de liquides dans le **tissu vasculaire*** : dans le **bois** la sève brute, l'eau et les sels minéraux dissous, montent des racines vers les feuilles ; dans le **liber***, la sève élaborée dans les feuilles redescend vers les zones qui en ont besoin.

- **Transpiration**. Perte d'eau par évaporation. S'accomplit en majorité par les minuscules **stomates*** à la face inférieure des feuilles.
- **Courant transpiratoire**. Enchaînement permanent de phénomènes physico-chimiques qui permettent la circulation des fluides par **transpiration**. Les cellules les plus externes perdent de l'eau, les sels minéraux et les sucres se concentrent dans leurs **vacuoles***. Par **osmose***, ces cellules attirent l'eau qui monte dans les vaisseaux du **bois***, cette aspiration de l'eau étant facilitée par la force capillaire. A leur tour, les racines pompent davantage d'eau dans le sol.
- **Capillarité**. C'est le nom donné à la circulation de liquide dans des tubes très étroits. Les molécules liquides sont « tirées » vers le haut par un phénomène d'attraction entre elles et les parois des tubes.
- **Pression racinaire**. Pression que l'on constate dans les racines de certaines plantes. Dans toutes les plantes, l'eau passe du sol vers les cellules des racines par **osmose***. Chez les plantes qui ont une pression racinaire, la force de ce passage est telle qu'elle fait monter la sève brute dans les vaisseaux du bois. Cette montée de la sève est relayée par le **courant transpiratoire**. Chez d'autres plantes, c'est le courant transpiratoire seul qui assure la circulation de l'eau.

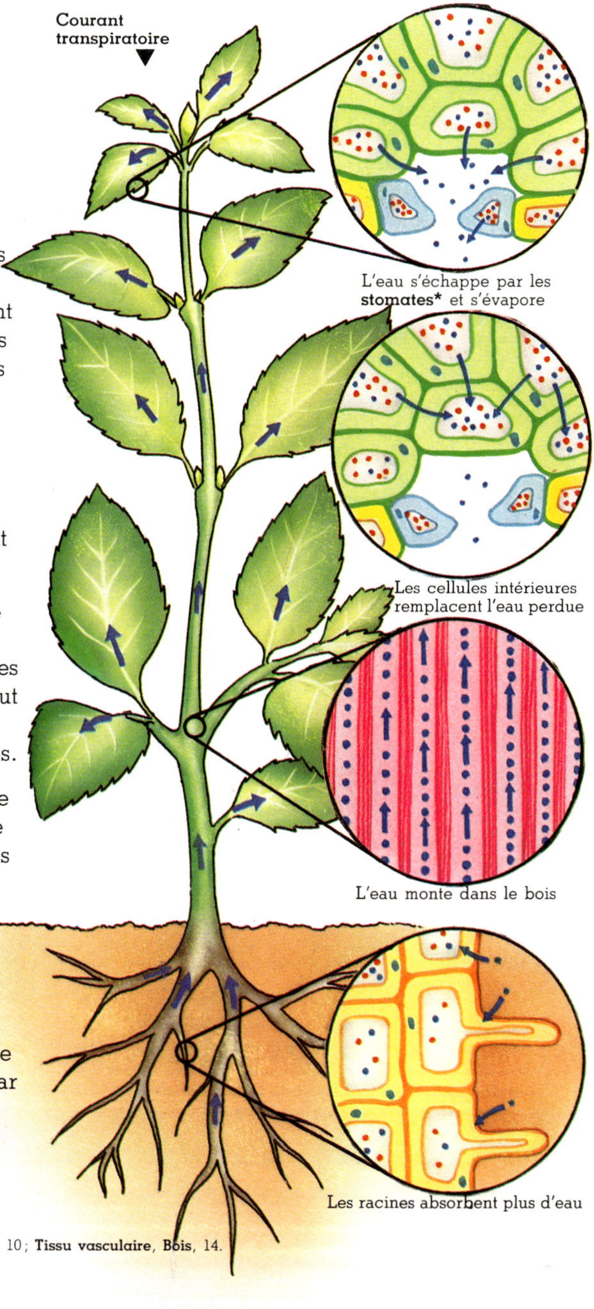

***Osmose**, 99 ; **Liber**, 14 ; **Stomate**, 21 ; **Vacuoles**, 10 ; **Tissu vasculaire**, **Bois**, 14.

◀ Rosée

• **Rosée**. Phénomène apparaissant chez les plantes qui présentent une forte **pression racinaire**. La pression ajoutée au **courant transpiratoire** force des gouttes d'eau à perler par certains orifices, les **hydathodes**, situés à la pointe ou le long des bords des feuilles.

Turgescence ▶

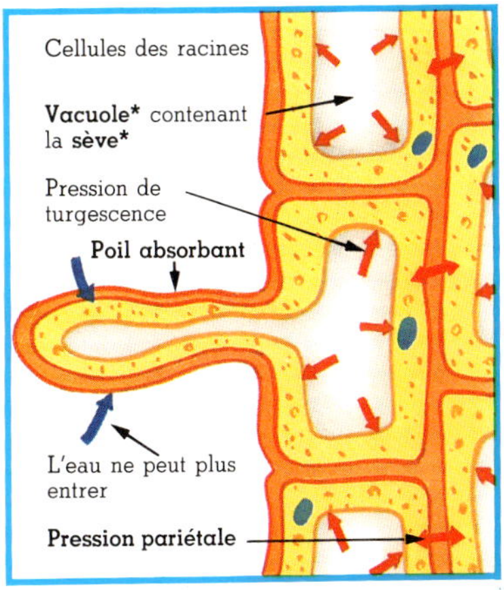

• **Turgescence**. Etat des cellules d'une plante en bonne santé. Elles ne peuvent pas emmagasiner plus d'eau (elles sont **turgescentes**). L'eau passe par **osmose*** dans la **sève*** cellulaire contenue dans la grande **vacuole*** centrale qui se distend au maximum. L'expansion de la vacuole est limitée par l'équilibre entre la **pression de turgescence** et la rigidité de la paroi cellulaire (**pression pariétale**). De telles cellules donnent à la plante sa rigidité et son maintien.

Fanaison ▶

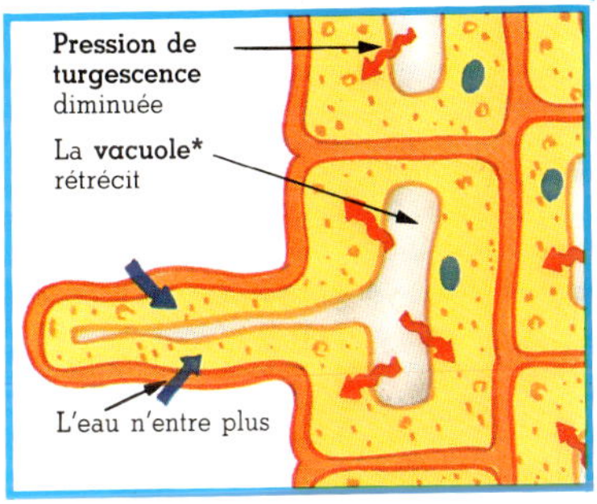

• **Fanaison**. Stade de dépérissement rencontré dans une plante dans certaines circonstances, comme l'excès de chaleur. La plante perd plus d'eau (**transpiration**) qu'elle ne peut en absorber et la **pression de turgescence** de ses **vacuoles*** chute brutalement. Les cellules deviennent molles et ne peuvent plus assurer la bonne tenue de la plante.

Plasmolyse ▶

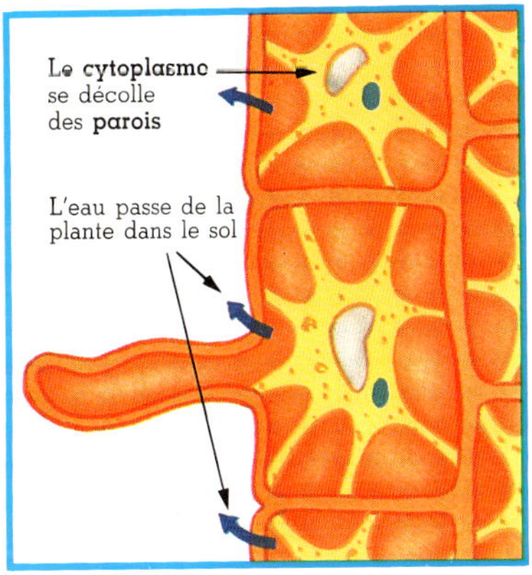

• **Plasmolyse**. Etat extrême chez une plante qui peut aller jusqu'à sa mort. Une plante dans un tel état a perdu des quantités énormes d'eau, par **transpiration** (la **fanaison**) mais également par **osmose*** : l'eau de la plante peut être attirée par un sol très sec où les sels minéraux sont très concentrés. Les **vacuoles*** de la plante se rétractent tellement qu'elles décollent le **cytoplasme*** des **parois cellulaires***.

***Sève**, 10 (**Vacuoles**) ; **Paroi cellulaire**, **Cytoplasme**, 10 ; **Osmose**, 99 ; **Poils absorbants**, 17.

La nourriture des plantes

La plupart des plantes fabriquent leur propre nourriture (ce qui n'est pas le cas des animaux qui doivent absorber une nourriture déjà synthétisée par d'autres êtres vivants). Ce processus de fabrication leur permet d'élaborer des éléments nutritifs très complexes à partir d'éléments chimiques simples : c'est la **photosynthèse**.

• **Photosynthèse**. Série de réactions chimiques grâce auxquelles les plantes fabriquent leur nourriture. Elles se produisent principalement dans le **tissu en palissade*** des feuilles. L'oxyde de carbone se combine à l'eau et aux sels minéraux grâce à l'énergie solaire absorbée par les ▶ **chloroplastes**.

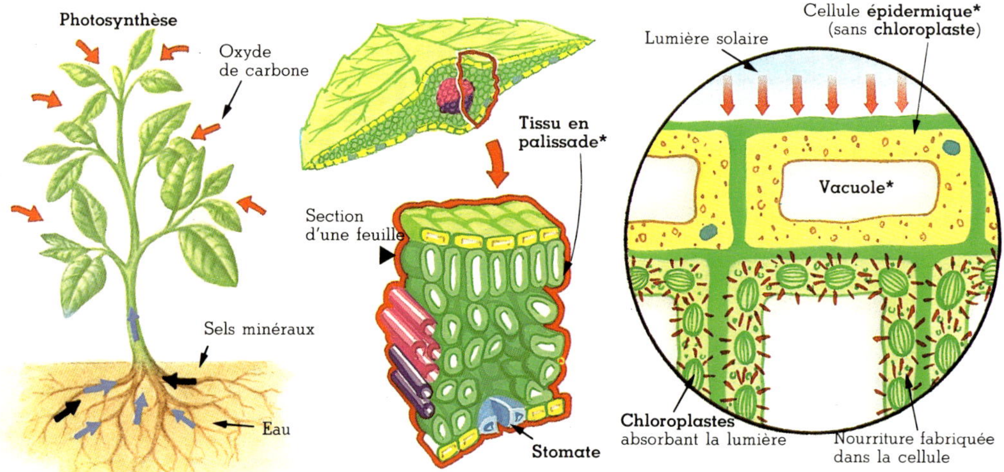

• **Points d'équilibre**. Deux moments durant une période de 24 heures (vers l'aube et le crépuscule) au cours desquels **photosynthèse** (produisant oxygène et hydrates de carbone) et **respiration cellulaire*** (produisant oxyde de carbone et eau) sont en équilibre parfait.

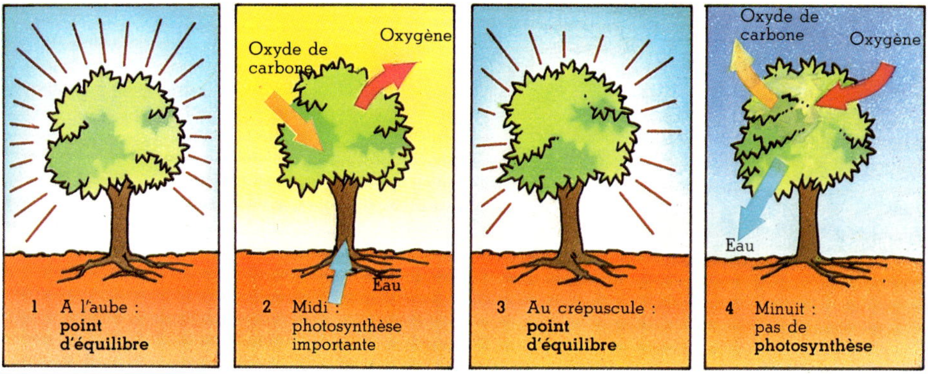

*Epiderme, 15 ; Respiration cellulaire, 104 ; Tissu en palissade, 20 ; Vacuoles, 10.

▶Le processus de la photosynthèse est couplé avec celui de la **respiration cellulaire***, qui est le **catabolisme*** des éléments nutritifs, en vue de la production d'énergie et de matière. La photosynthèse produit de l'oxygène et des hydrates de carbones, nécessaires à la respiration cellulaire, et celle-ci produit du gaz carbonique et de

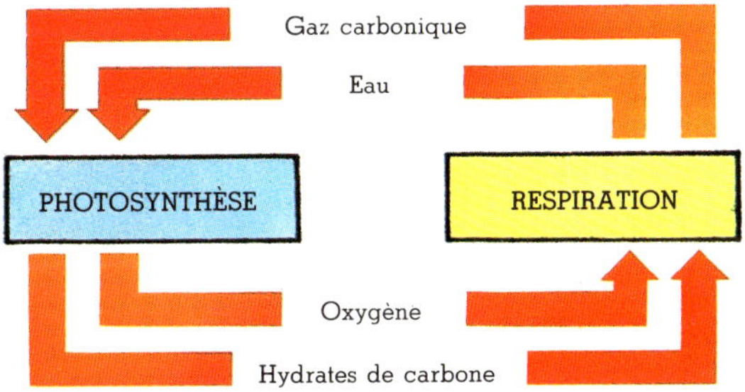

l'eau, nécessaires à la photosynthèse. La plupart du temps, l'un des deux processus prédomine : les produits de l'un sont en excès et ceux de l'autre en déficit. Selon les cas, la plante, soit prend dans ses réserves, soit en constitue, soit encore élimine les excès à l'extérieur (voir dessins 2 et 4 page précédente).

• **Chloroplastes**. Corpuscules des cellules végétales qui contiennent un **pigment**, la **chlorophylle**. Celle-ci absorbe la lumière solaire utilisée dans la **photosynthèse**. Les chloroplastes se déplacent à l'intérieur de la cellule en fonction de l'intensité et de l'orientation de l'éclairement (cf. p. 12).

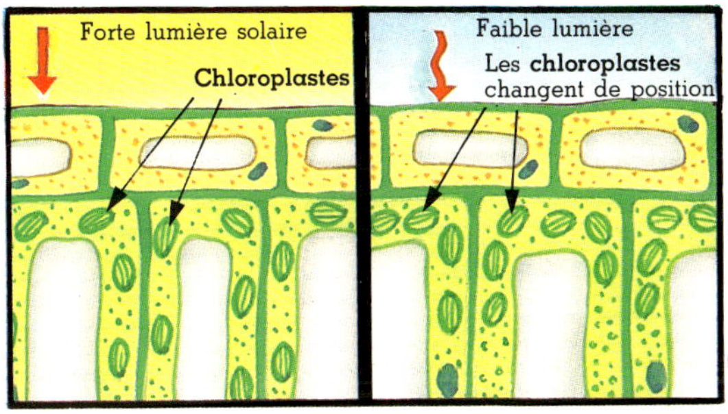

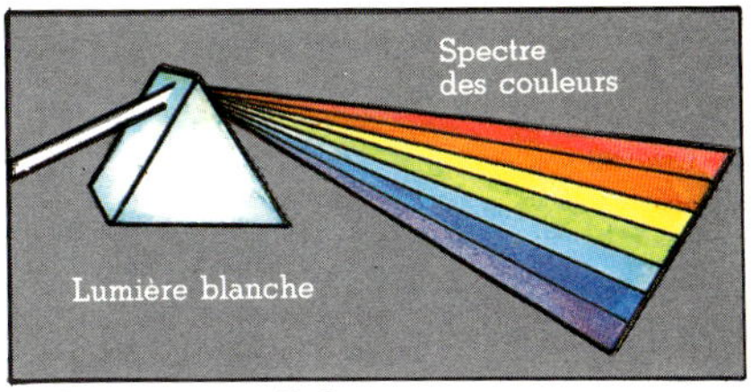

• **Pigments**. Substances qui absorbent la lumière. La lumière blanche est en fait composée d'un éventail de nombreuses couleurs différentes. Tout pigment absorbe certaines

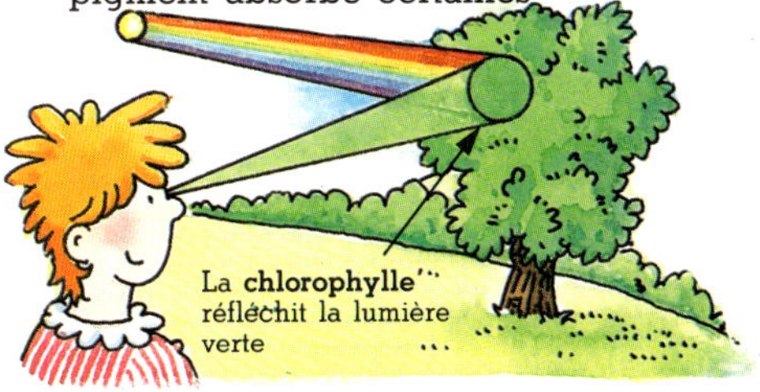

couleurs et en réfléchit d'autres. La **chlorophylle** est un pigment présent dans toutes les feuilles. Elle absorbe la lumière bleue, la violette et la rouge et réfléchit la lumière verte. C'est pourquoi les

feuilles nous apparaissent vertes. D'autres pigments comme le **xantophylle**, le **carotène** ou le **tanin** sont aussi présents dans les feuilles. Ils réfléchissent la lumière orange, jaune et rouge mais ils sont masqués par la chlorophylle, plus active pendant la croissance. A l'automne, celle-ci se décompose et laisse la place aux couleurs brunes des autres pigments.

*Catabolisme, 102 (**Métabolisme**) ; **Respiration cellulaire**, 104.

Les fleurs

Les **fleurs** d'une plante contiennent ses organes de **reproduction** (voir page 30). Chez les plantes **hermaphrodites**, le bouton d'or et le coquelicot, par ex., chaque fleur possède les organes mâles et femelles. Les plantes **monoïques** comme le maïs ont deux types de fleurs sur la même plante — les fleurs à **étamines** qui n'ont que les organes mâles et les fleurs à **pistils** qui n'ont que les organes femelles. Les plantes **dioïques** comme le houx ont des fleurs mâles sur une plante et des fleurs femelles sur une autre.

- **Réceptacle**. C'est l'extrémité du **pédoncule** floral sur laquelle vient s'implanter la fleur.
- **Pétales**. Eléments généralement très colorés entourant les organes de reproduction. Ils forment la **corolle**, qui est souvent parfumée, ce qui attire les insectes.

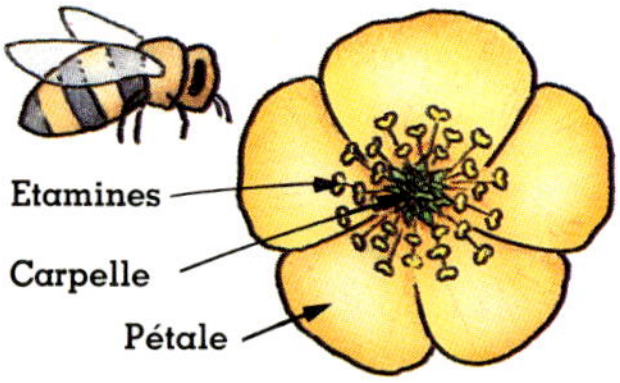

- **Sépales**. Eléments entourant le bouton floral et formant le calice. Chez certaines fleurs, le bouton d'or par exemple, elles subsistent en couronne autour des pétales ouverts. Chez le coquelicot, par contre, ils fanent et tombent rapidement.

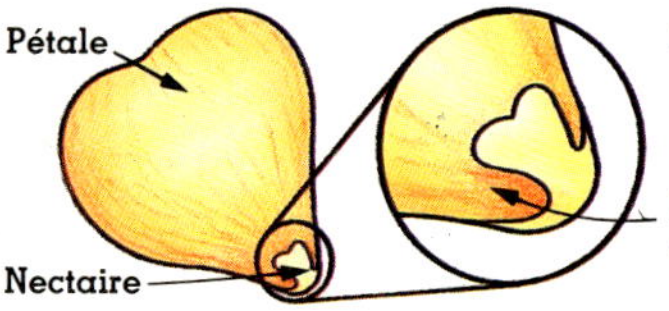

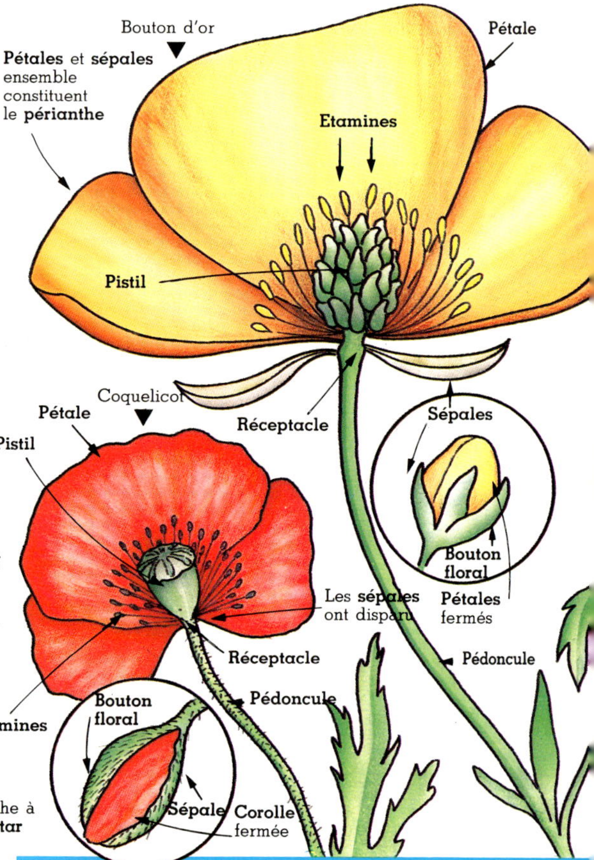

- **Nectaires**. Cellules à la base des **pétales** qui produisent un liquide sucré appelé **nectar**. Celui-ci attire les insectes qui aident à la **pollinisation***. Il semble que les lignes sombres qui se trouvent souvent à la base des pétales sont destinées à guider les insectes vers le nectar.

Les organes mâles

- **Etamines**. Organes reproducteurs mâles. Chacune est composée d'une fine tige ou **filament** et d'une **anthère** à son extrémité. Chaque anthère est constituée de sacs qui renferment les grains de **pollen***.

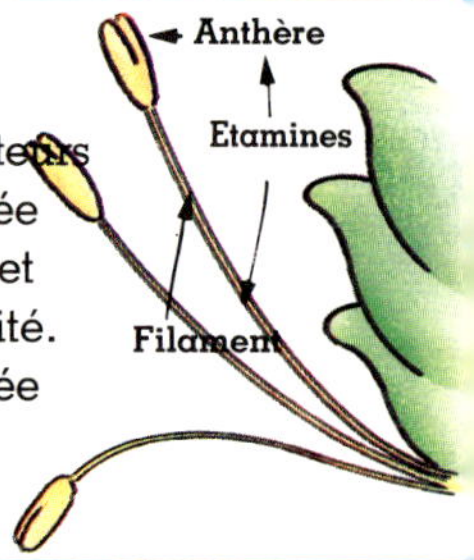

***Pollen, Pollinisation**, 30.

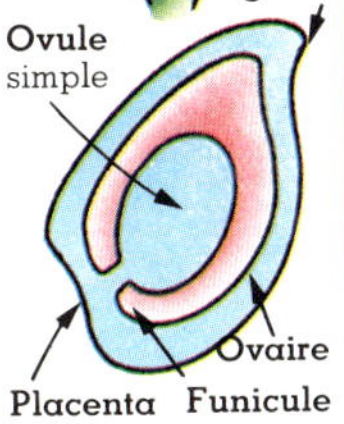

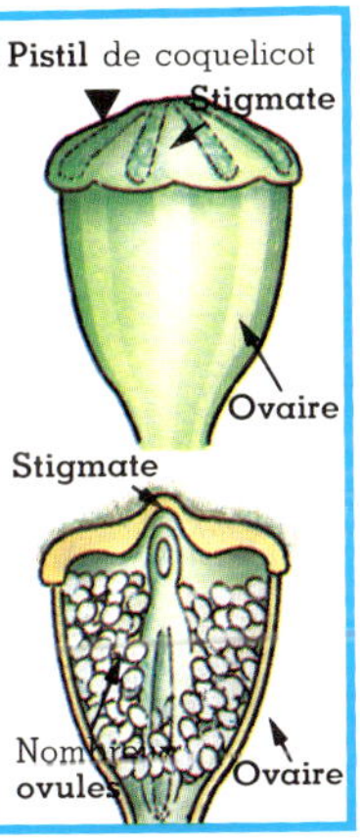

Les organes femelles

• **Pistil**. Organe femelle de reproduction constitué d'un ou plusieurs **carpelles**, dont les 3 parties sont l'**ovaire**, le **stigmate** et le **style**.

• **Ovaires**. Partie du **pistil** qui contient la cellule sexuelle femelle. L'ovaire est formé de loges dans lesquelles il y a un ou plusieurs **ovules***. Les ovules contiennent à leur tour les cellules sexuelles femelles. Un ovule est fixé à l'ovaire par une tige appelée **funicule**, sur la paroi interne appelée **placenta**. La tige est fixée par un point dur appelé **chalaze**.

• **Stigmate**. La partie supérieure du **pistil** dont la surface est collante et sur laquelle les grains de **pollen** s'accrochent lors de la **pollinisation***.

• **Style**. Partie du **pistil** qui relie le **stigmate** à l'**ovaire**. Chez certaines fleurs, les jonquilles, par ex., il est très visible, mais chez d'autres il est très court (boutons d'or) ou même pratiquement inexistant (coquelicots).

• **Gynécée**. Ensemble des **pistils** soudés d'une même fleur.

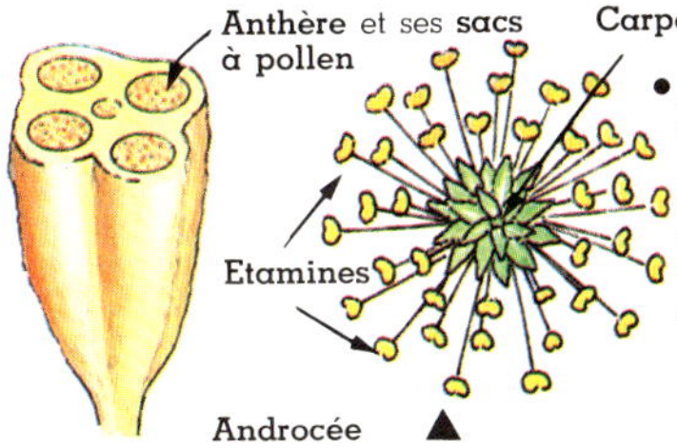

• **Androcée**. Terme désignant l'ensemble des **étamines** d'une même fleur.

Disposition des organes

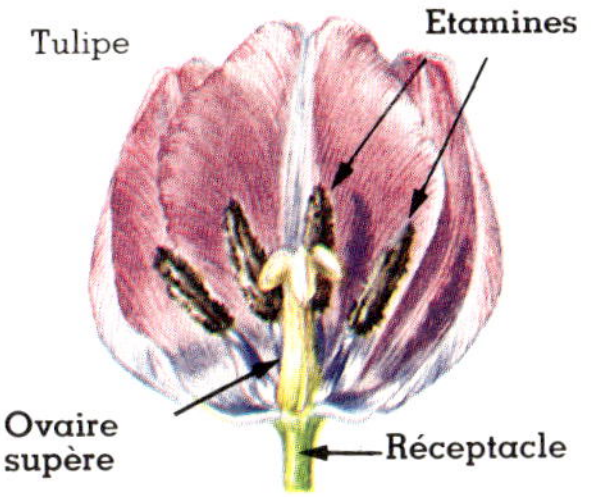

• **Ovaire libre**. Le gynécée est implanté sur le **réceptacle**. Les autres éléments se sont développés à sa base. La position du pistil est dite **supère**.

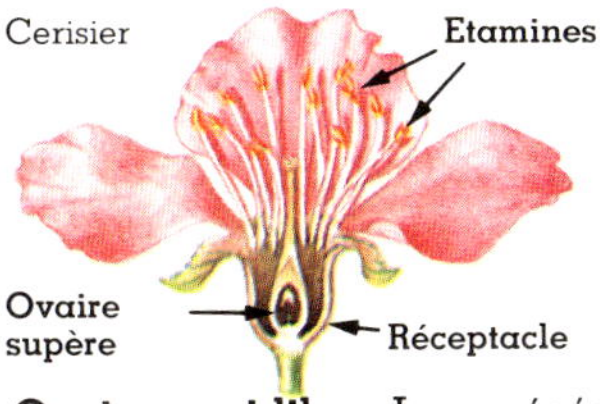

• **Ovaire semi-libre**. Le gynécée est englobé dans un **réceptacle** très protecteur en forme de coupe. Les autres éléments se sont développés à partir des bords de la « coupe ». La position du pistil est encore dite **supère**.

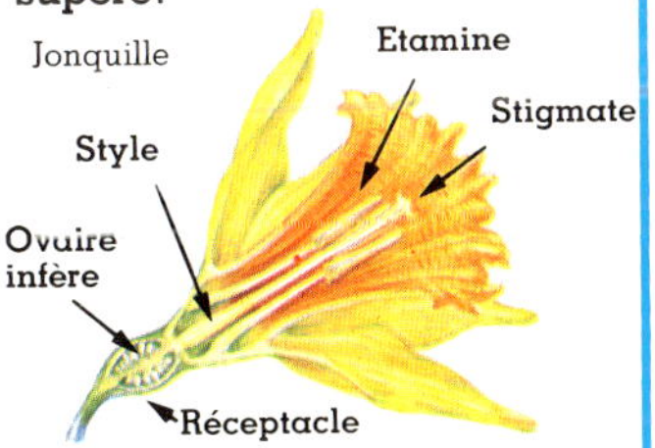

• **Ovaire non libre**. Les éléments floraux poussent au-dessus du **réceptacle** qui emprisonne complètement l'**ovaire** mais laisse libres le **style** et le **stigmate**. La position de l'ovaire est dite **infère**.

* Ovules, Pollen, Pollinisation, 30.

Reproduction d'une plante à fleurs

La reproduction est la création d'un nouvel organisme vivant. Toutes les plantes florifères y parviennent par la **reproduction sexuée***, quand un **gamète*** mâle (cellule sexuelle) s'unit à un gamète femelle. Chez les plantes à fleurs, les gamètes mâles (stricto sensu : les **noyaux* mâles**) sont contenus dans le **pollen** et les gamètes femelles dans les ovules.

- **Pollen**. De petits grains fabriqués par les **étamines** (organes mâles). Chaque grain est une cellule qui a deux **noyaux***. Quand un grain de pollen tombe sur un **ovaire*** (organe femelle), le **noyau reproducteur** se divise en deux **noyaux mâles**, les **anthérozoïdes***. L'autre est à l'origine du tube pollinique.

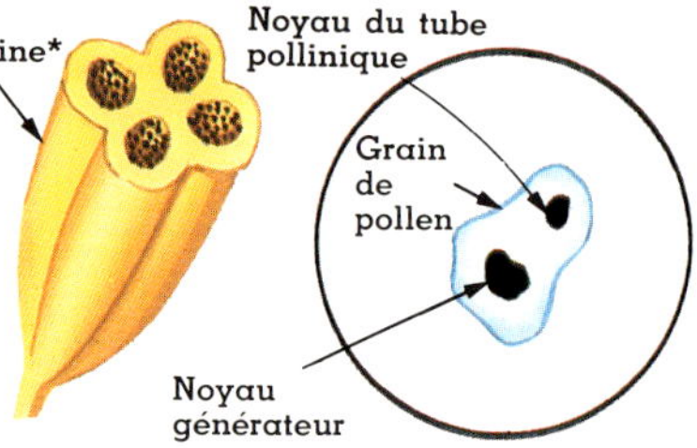

- **Ovules**. Petits éléments à l'intérieur de l'**ovaire*** qui deviennent des graines après **fécondation**. Chacun consiste en une cellule ovale (**sac embryonnaire**) entourée de couches de tissu (**téguments**) sauf en un seul point minuscule, le **micropyle**. Avant la fécondation, le noyau* du sac embryonnaire subit plusieurs divisions (page 95 pour plus de détails) qui donnent un certain nombre de nouvelles cellules (dont certaines sont les réserves de nourriture de la graine), et deux noyaux libres qui fusionnent ensemble. L'une des nouvelles cellules est le **gamète*** femelle.

- **Pollinisation** : processus par lequel le **pollen** parvient sur le **stigmate*** d'une fleur. Le grain, posé sur le stigmate forme un tube qui traverse le tissu ovarien et pénètre dans l'ovule par le micropyle. Par ce tube, les noyaux mâles arrivent dans l'ovule.

- **Fécondation**. Après la **pollinisation**, un **noyau mâle** (voir **pollen**) fusionne avec le **gamète** femelle dans l'**ovule** pour former un œuf ou **zygote*** qui donnera la nouvelle plante. L'autre noyau fusionne avec les deux noyaux femelles pour former une cellule qui donnera l'**endosperme*** de la graine.

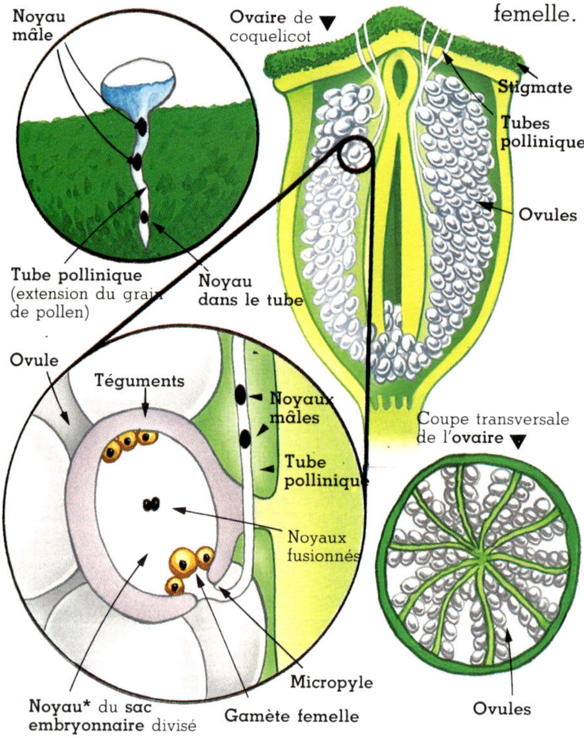

*Endosperme, 33 ; Noyau mâle, 93 (Gamètes) ; Noyau, 10 ; Ovaires, 29 ; Reproduction sexuée, 92 ; Etamines, 28 ; Stigmate, 29 ; Zygote, 93 ; Anthérozoïdes.

• **Pollinisation croisée**. C'est la **pollinisation** d'une plante par le pollen d'une autre plante de la même espèce. Si le pollen est d'une plante différente, il n'y aura pas développement d'un **tube pollinique** et par conséquent il n'y aura pas fécondation. Le pollen peut être transporté par le vent ou les insectes attirés par le **nectar***.

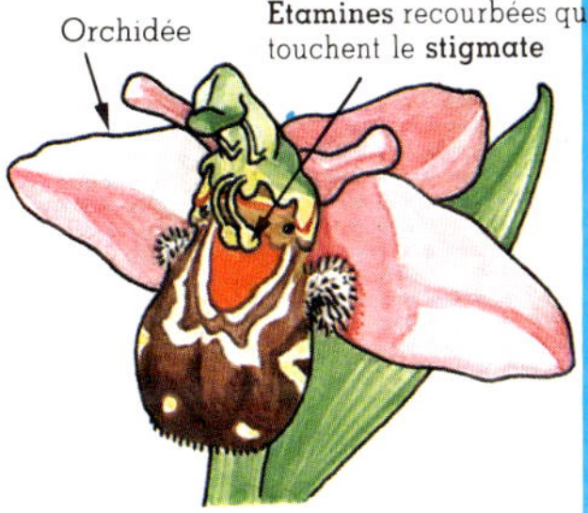

• **Auto-pollinisation**. C'est la **pollinisation** d'une plante par son propre **pollen**. Par exemple, une certaine orchidée peut attirer les bourdons en propageant autour d'elle l'odeur des abeilles, en vue d'une **pollinisation croisée**. Mais si aucun insecte ne vient lui rendre visite, ses **étamines*** se recourbent et entrent en contact avec le **stigmate*** du **pistil***.

Types de fleurs et agencements

• **Inflorescence**. Groupe de fleurs poussant à partir d'un seul point.

• **Composée**. Groupement de petites fleurs ou **fleurons**.

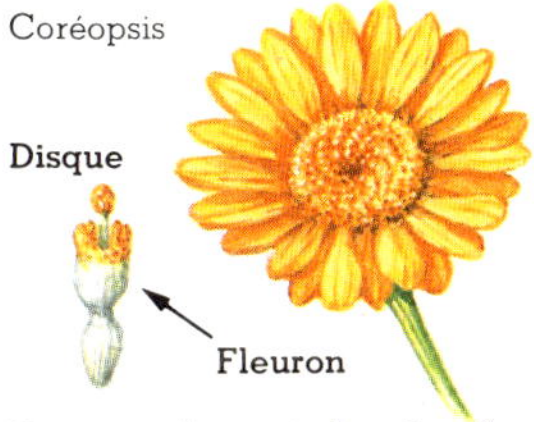

• **Disque**. Les pétales des fleurons ont tous la même taille.

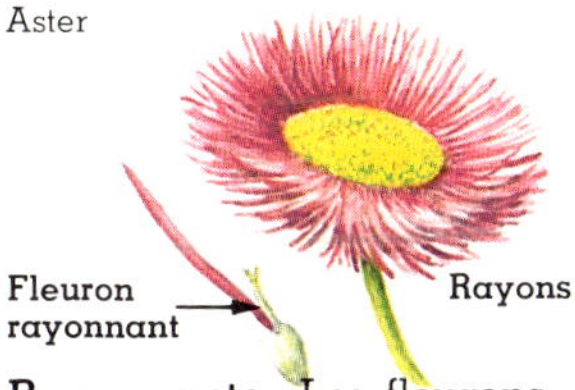

• **Rayonnante**. Les fleurons ont un seul long pétale.

• **Ombelle**. Inflorescence en forme de plusieurs petites ombrelles.

• **Campanulée**. Les pétales sont réunis pour former une sorte de cloche.

• **Eperonnée**. Un ou plusieurs pétales se sont recourbés en forme d'éperons.

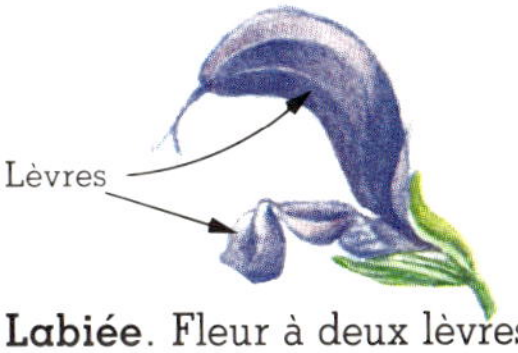

• **Labiée**. Fleur à deux lèvres, supérieure et inférieure. La supérieure est souvent équipée d'un capuchon.

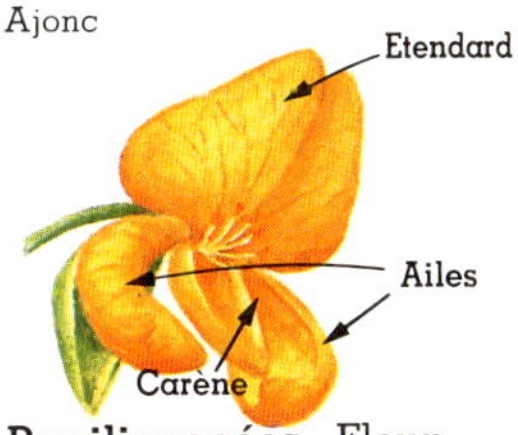

• **Papilionacées**. Fleur comportant un pétale supérieur formant l'**étendard**, deux pétales latéraux formant les **ailes**, et deux inférieurs formant les **carènes** qui abritent les organes reproducteurs.

***Nectar**, 28 (**Nectaire**) ; **Pistil**, 29 ; **Etamines**, 28 ; **Stigmates**, 29.

La graine et la germination

Après la **fécondation*** chez une plante à fleurs, l'**ovule*** se transforme en graine qui contient l'**embryon**, c'est-à-dire une future plante, et une réserve de nourriture. L'**ovaire*** mûrit et donne un fruit qui renferme la ou les graines. Vous trouverez un tableau des différents fruits en page 34.

- **Dispersion ou dissémination**. C'est l'une des deux manières pour la plante-mère de disperser ses graines selon que le fruit est **déhiscent ou indéhiscent**.

- **Fruit déhiscent**. Les graines sont expulsées avant que le fruit lui-même ne se dégrade. Par exemple, la

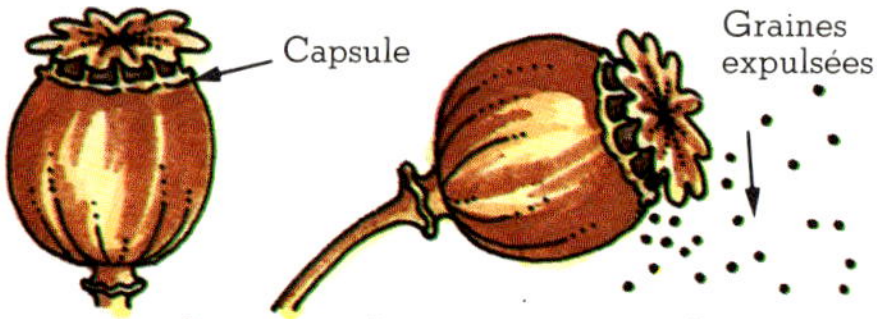

capsule du coquelicot présente des orifices par où sortent les graines. Les gousses du genêt s'ouvrent

spontanément et éjectent les graines. Celles-là sont emportées par le vent, l'eau ou d'autres moyens.

- **Fruit indéhiscent**. Le fruit se détache de la plante et doit se dégrader avant de pouvoir libérer les graines. Les « hélices »

de sycomore ou les petits « parachutes » du pissenlit sont transportés par voie aérienne. Les fruits munis de crochets barbelés se prennent dans les plumes ou

les toisons des animaux et tombent sur le sol où ils pourrissent et libèrent les graines. D'autres fruits sont ingérés par les animaux et les graines rejetées dans leurs excréments.

La germination

Quand les conditions sont réunies, une graine germe. La **gemmule** et la **radicule** crèvent l'enveloppe de la graine et donnent une nouvelle plante ou **plantule**.

- **Germination hypogée**. Celle des pois, par ex., dans laquelle les **cotylédons** restent sous terre à l'abri du **tégument**. La **gemmule** est la seule partie à sortir de terre.

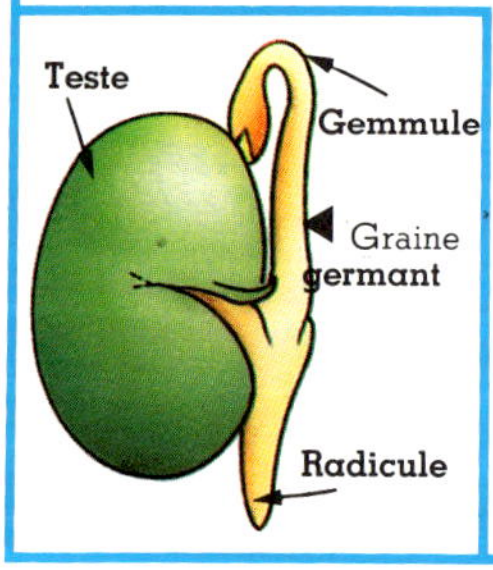

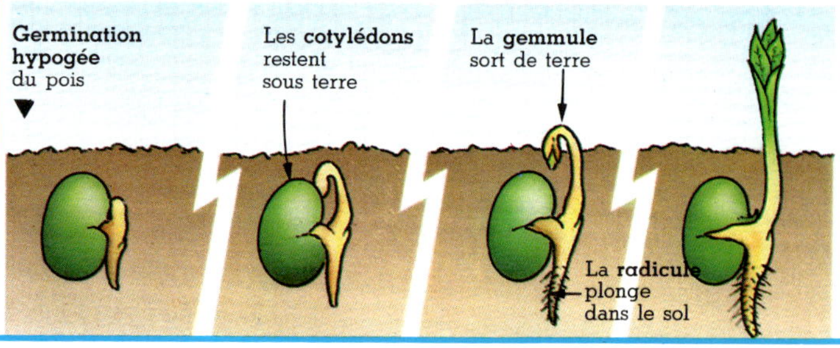

* **Fécondation**, 30 ; **Ovaires**, 29 : **Ovules**, 30.

Eléments d'une graine

- **Hile**. Endroit sur une graine correspondant à l'attache de l'**ovule*** avec l'**ovaire***.
- **Teste**. L'enveloppe de la graine formée par les **téguments***.

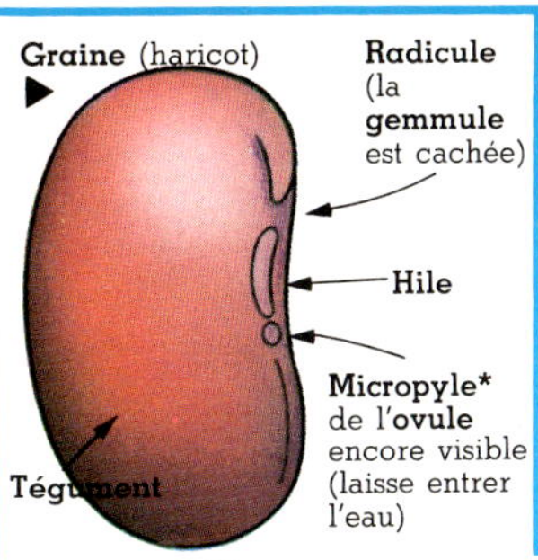

- **Gemmule**. **Bourgeon primaire** qui se forme à l'intérieur de la graine. Donnera la première pousse.
- **Radicule**. **Racine primaire** de la nouvelle plante. Egalement formée dans la graine.

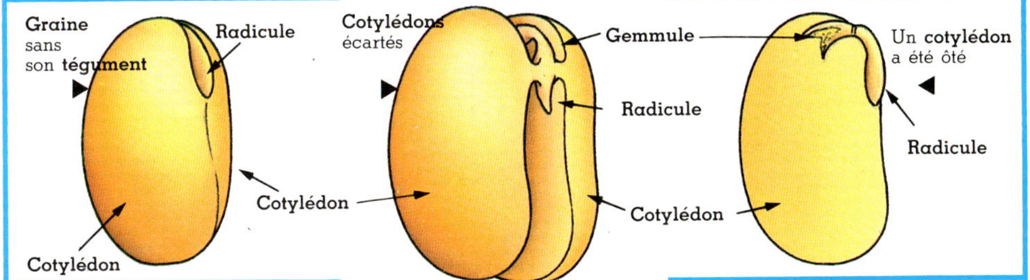

- **Endosperme**. Couche de tissu intérieure d'une graine qui entoure la plantule et assure sa nourriture. Chez certaines plantes, le pois par ex., les **cotylédons** absorbent et stockent les réserves de l'endosperme avant que la graine soit mûre. Chez d'autres (herbes) il n'est pas entièrement absorbé après la **germination** de la graine.

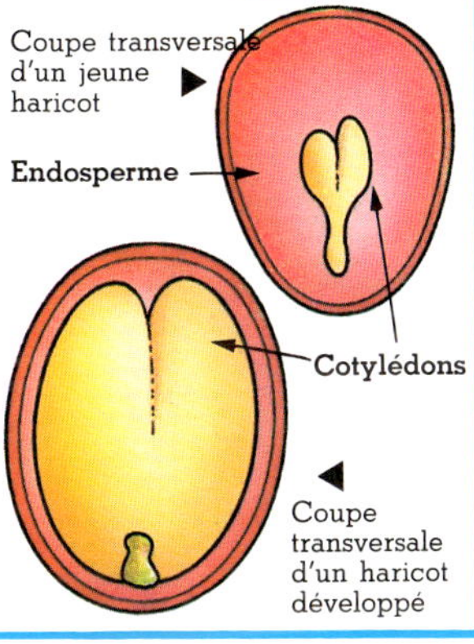

- **Cotylédon**. Feuille simple faisant partie de la nouvelle plante. Chez certaines graines (haricots par ex.), les cotylédons absorbent et stockent toute la nourriture de l'**endosperme**. Les plantes **monocotylédones** n'ont qu'un cotylédon (les herbes, par ex.), les **dicotylédones** en ont deux (les pois, par ex.).

- **Germination épigée**. Celle de plantes comme la tomate, dans laquelle les **cotylédons** sortent de terre et se positionnent sous les premières vraies feuilles.
- **Coléoptile**. La première feuille de nombreuses **monocotylédones**. Elle protège le premier bourgeon et donne naissance aux premières vraies feuilles.

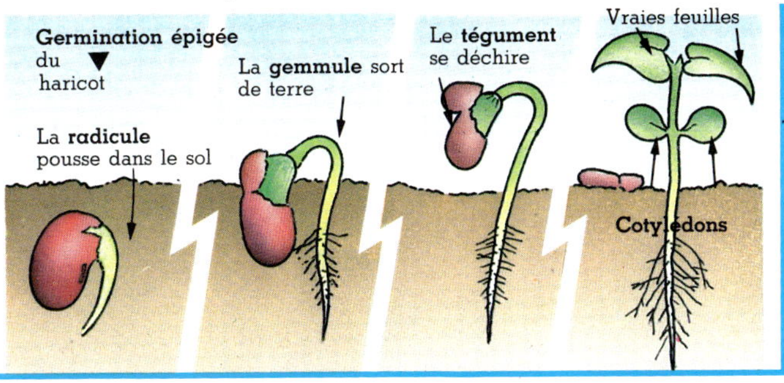

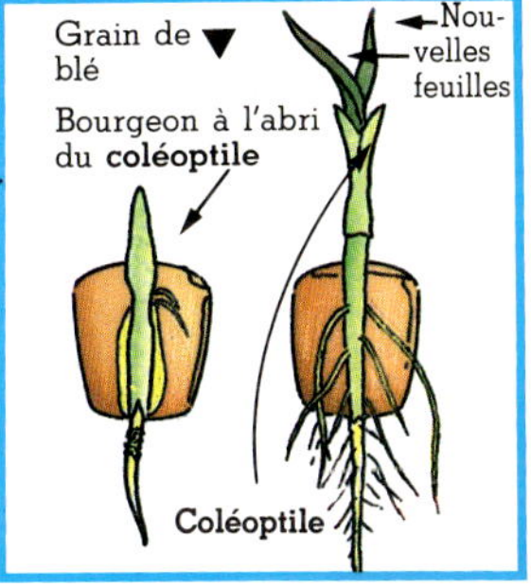

*Téguments, Micropyle, 30 ; Ovules, Ovaires, 29.

Le fruit

Le fruit contient la graine de la plante. Les **vrais fruits** se développent à partir de l'**ovaire***, les « **faux** » **fruits** le font à partir du **réceptacle*** (fraises, par ex.). La paroi externe du fruit est le **péricarpe**. Chez certains fruits, celui-là est en trois parties : l'**épicarpe**, extérieur, le **mésocarpe**, plus charnu, et l'**endocarpe**, couche intérieure. Voici ci-dessous les principaux types de fruits :

• **Gousses**. Les graines sont attachées à la paroi interne. S'ouvrent dans le sens de la longueur à maturité. Ex. : les haricots.

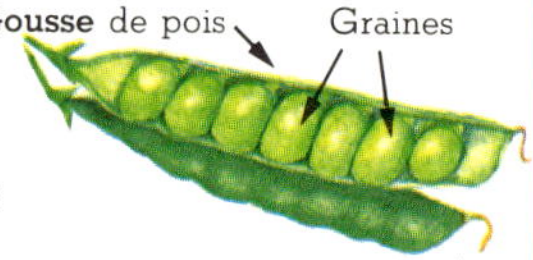

• **Baies**. Fruit charnu renfermant de nombreuses graines. Ex. : orange ou cassis.

• **Noix**. Fruit sec à l'intérieur d'une coquille dure ne contenant qu'une graine. Ex. : noisette.

• **Grains**. Appelé aussi **caryopse**. Petit fruit dont la paroi a fusionné avec la peau de la graine. Ex. : grain de blé.

• **Akènes**. Fruit petit, sec, à une seule graine. Ex. : sycomore du bouton d'or. Une akène à « hélice » comme celle du sycomore s'appelle une **samare**.

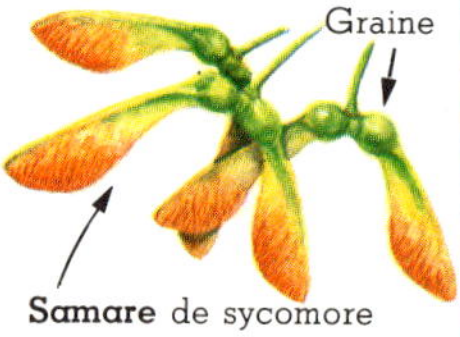

• **Drupes**. Fruit charnu contenant une graine dure souvent appelée noyau. Ex. : prune.

• **Pommes**. Gros fruit charnu à peau épaisse et graines (ou pépins) abritées dans un cœur ou une capsule. Les pommes sont des « **faux** » **fruits** typiques.

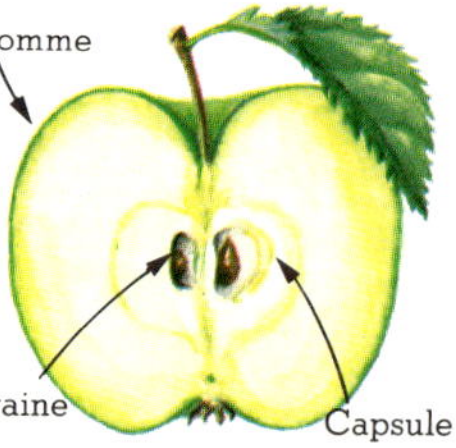

Reproduction végétative

Outre les graines, certaines plantes peuvent se reproduire par d'autres procédés non sexués* : la reproduction végétative. Une partie seulement du végétal se développe et donne naissance à un nouvel individu.

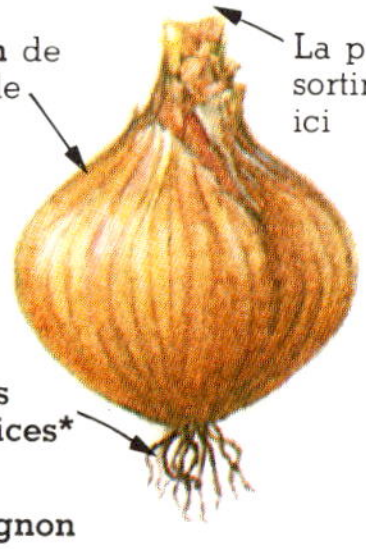

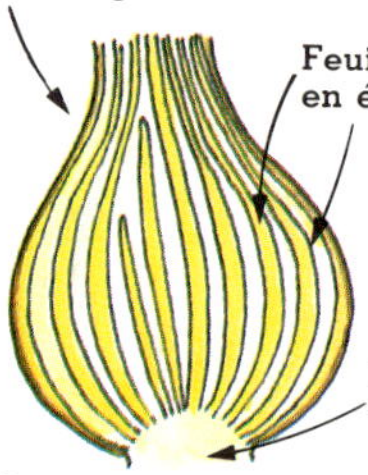

• **Oignon**. Tige courte et épaisse entourée de feuilles en **écailles** contenant de la nourriture. L'oignon est formé sous la terre par une plante qui meurt et représente le premier stade de la vie d'une nouvelle plante qui sortira sous forme de pousse à la nouvelle saison. Ex. : oignon de jonquille.

*** Racines adventices**, 17; **Reproduction asexuée**, 92; **Ovaires**, 29; **Réceptacle**, 28.

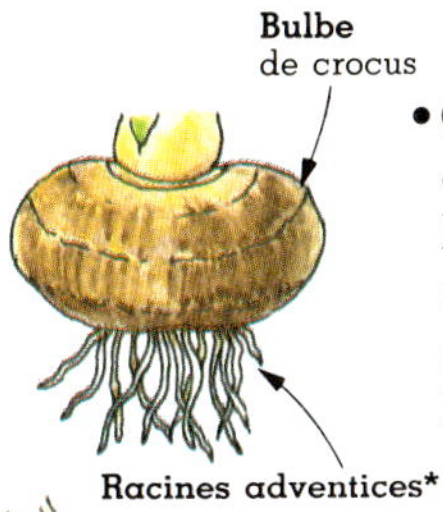

• **Caïeu**. Tige courte et épaisse, semblable à l'**oignon**, sauf que la nourriture est stockée dans la tige elle-même. Ex. : caïeu de crocus.

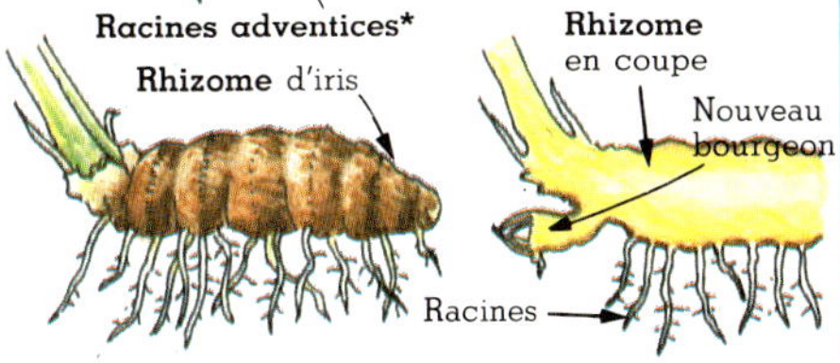

• **Rhizome**. Tige épaisse à feuilles réduites en écailles qui pousse horizontalement sous terre. Les racines poussent le long du rhizome ainsi que les bourgeons qui donnent de nouvelles pousses. De nombreuses herbes produisent des rhizomes, mais d'autres plantes également. Ex.: fougères, iris.

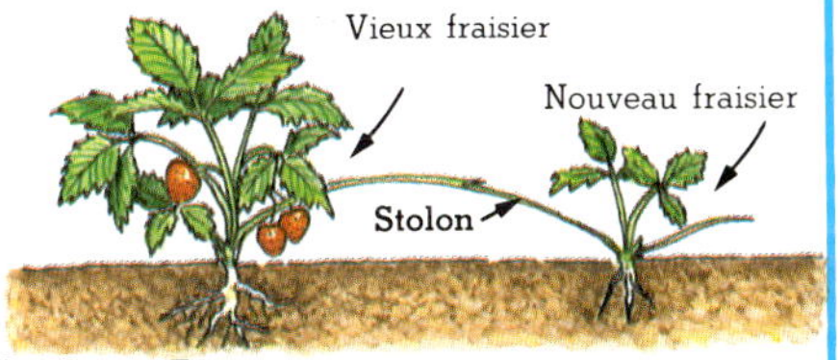

• **Stolon**. Tige qui pousse horizontalement près de la base de certaines plantes. Ex. : fraises. Le stolon émet des racines de loin en loin et de nouvelles plantes se développent.

• **Tubercule**. Une tige courte, globuleuse, souterraine qui contient de la nourriture et produit des bourgeons d'où pousseront les nouvelles plantes. Ex. : pomme de terre.

Propagation artificielle

C'est le procédé utilisé dans le commerce des plantes et par les jardiniers qui tire parti de la **reproduction végétative**. Le fait qu'une plante n'a pas toujours besoin de partir d'une graine pour naître permet au commerçant de produire beaucoup plus d'individus qu'il n'en viendrait naturellement.

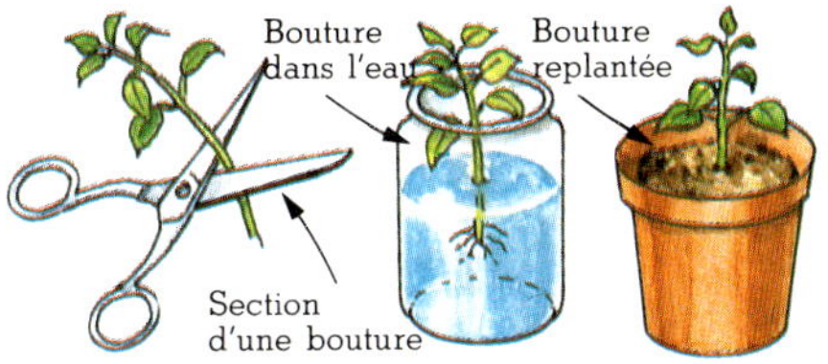

• **Bouturage**. Procédé par lequel une partie de plante (la bouture) est coupée et plantée dans le sol où elle donne une nouvelle plante. Parfois, il faut la laisser quelques temps dans l'eau pour que se développent les premières racines.

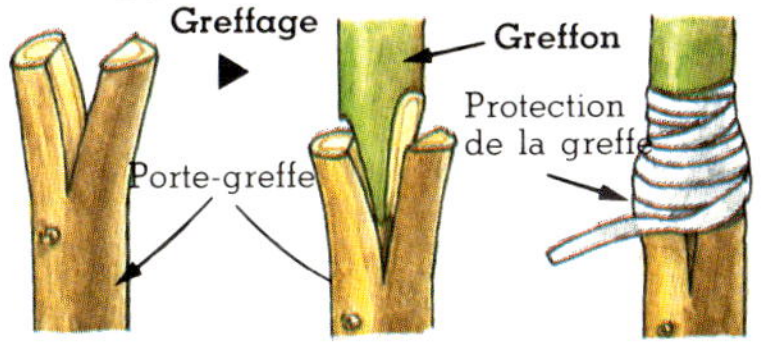

• **Greffage**. Procédé par lequel on détache un morceau de tige et on le réinstalle sur un autre végétal. Cela peut se faire sur la même plante (**auto-greffe**), sur une plante de la même espèce (**homogreffe**) ou sur une espèce différente (**hétérogreffe**). La partie déplacée s'appelle le **greffon** et le végétal récepteur est le **porte-greffe**.

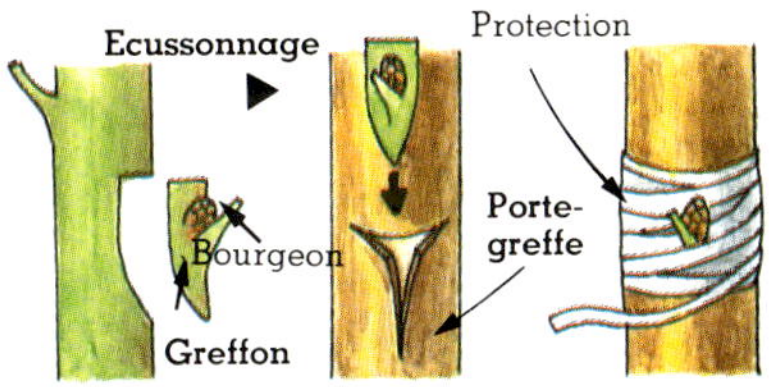

• **Ecussonnage**. Variété de **greffe** qui consiste à greffer un bourgeon et sa partie de tige adjacente.

*Racine adventice, 17.

La structure des animaux

Les animaux se présentent sous une grande variété de formes, depuis les unicellulaires jusqu'aux organismes complexes comprenant plusieurs millions de cellules. Leur **classification*** dépend en grande partie de cette complexité : on dit qu'un animal est « inférieur » lorsque son organisation est simple (l'amibe, par ex.) ou qu'il est « supérieur » lorsqu'elle est très complexe (l'homme). Les animaux supérieurs sont caractérisés par l'existence d'une segmentation, d'une cavité générale et d'un squelette.

• **Segmentation**. La division du corps en segments individualisés est un degré important de la complexité. La forme la plus primitive en est la métamérisation. Les segments

(métamères) sont similaires et chacun d'eux contient approximativement les mêmes éléments des organes internes qui traversent les parois séparant les segments. Cette métamérisation se voit chez les vers et myriapodes*. La segmentation peut être moins marquée : les insectes sont constitués de trois parties (tête, thorax, abdomen) dont chacune est un groupe de métamères qui ne sont pas séparés par des parois internes. Chez les oiseaux ou les mammifères, la segmentation est encore moins visible.

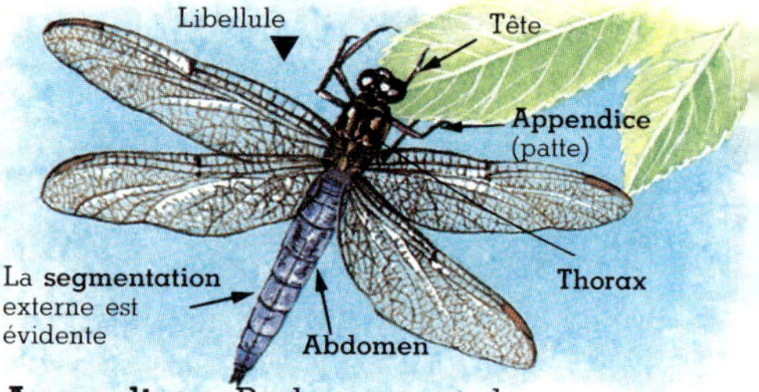

• **Appendices**. Prolongement du corps des **invertébrés** tels que mandibules, pattes ou ailes.

Agencements et structures

• **Symétrie bilatérale**. Disposition anatomique ne comportant qu'un seul axe de symétrie divisant le corps en 2 moitiés identiques. Elle s'observe chez tous les animaux supérieurs. La même symétrie, chez les fleurs, s'appelle **zygomorphisme** (par ex. : la gueule de loup).

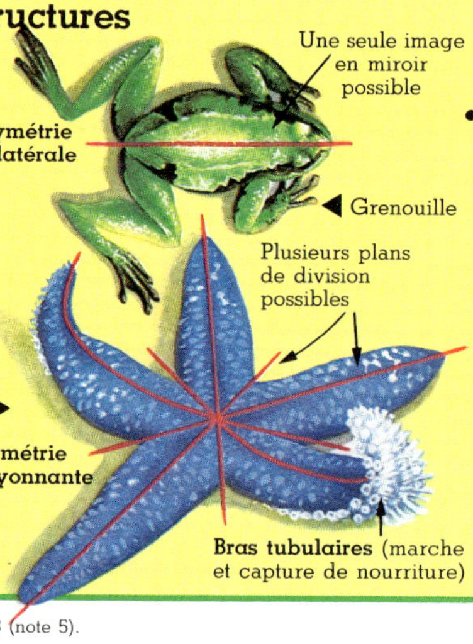

• **Symétrie rayonnante**. Plusieurs axes de symétrie existent autour d'un point central, même dans des plans différents. Le même type de symétrie, chez les fleurs, est appelé **actinomorphisme**.

•**Classification**, 110 ; **Myriapodes**, 113 (note 5).

Les cavités générales

De nombreux animaux pluricellulaires ont une cavité viscérale où sont logés les organes principaux (le tube digestif, par exemple). Chez les animaux les plus complexes, elle peut être divisée en plusieurs compartiments (cavités abdominale et thoracique des mammifères). Chez les animaux à corps mou, cette cavité pleine de liquide sert d'appui aux muscles nécessaires au mouvement. Bien que l'exacte nature de cette cavité varie selon les espèces, elle est soit un cœlome soit un hémocoele.

Coupe simplifiée d'un annélide (ver). Tous les organes ne sont pas montrés. ▼

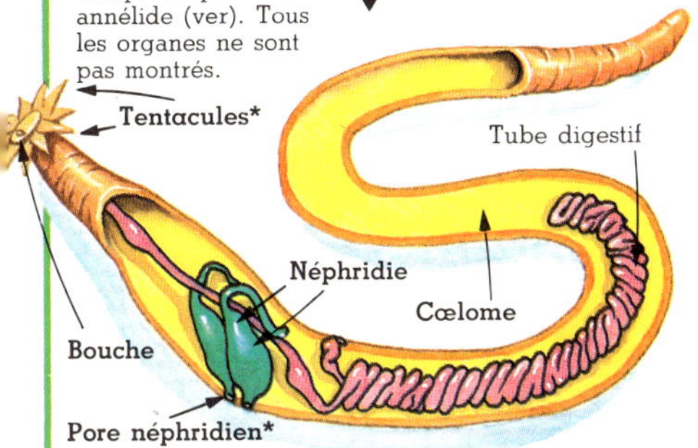

• **Cœlome**. Cavité périviscérale des vers les plus évolués, des **échinodermes*** (étoile de mer, par ex.) et des **vertébrés***. Chez certains groupes d'animaux elle est remplie de liquide où flottent les organes, chez d'autres elle est tapissée d'une fine membrane, le **péritoine**. Chez de nombreux vers, le cœlome participe à la fonction excrétrice : les **néphridies*** y expulsent les déchets qu'elles ont filtrés. Chez les animaux supérieurs, des organes plus complexes, les **reins**, se chargent de cette fonction.

Coupe simplifiée d'une araignée (incomplète) ▼

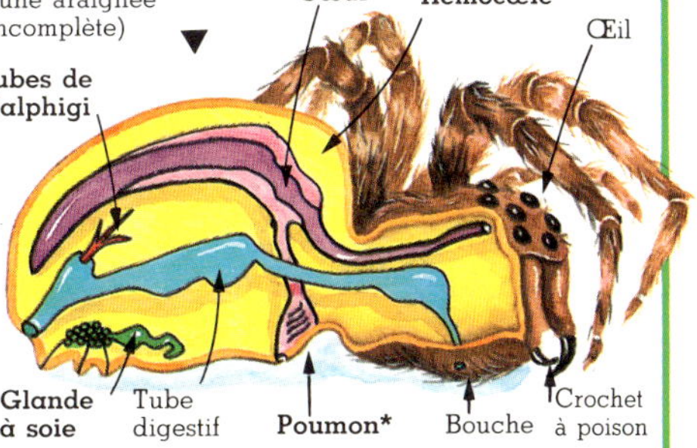

• **Hémocœle**. Cavité viscérale des **arthropodes*** (insectes, par ex.) et des **mollusques*** (escargot, par ex.). A la différence du cœlome, elle fait partie du système circulatoire et contient du sang. Chez les mollusques, l'hémocoele est une masse spongieuse où circule le sang plutôt qu'une cavité. Chez les insectes, les **tubes de Malphigi*** y filtrent l'eau et les déchets qui sont ensuite rejetés à l'extrémité du tube digestif.

• **Cavité palléale**. Cavité des **mollusques** à coquille (escargots, par ex.). Elle se situe entre le **manteau** proprement dit — un repli cutané tapissant la coquille — et le reste du corps. Les déchets y transitent avant d'être éliminés. Chez les mollusques aquatiques, elle abrite également les **branchies***. Chez les mollusques terrestres, elle sert de poumon.

Coupe simplifiée d'un buccin (mollusque marin) ▼

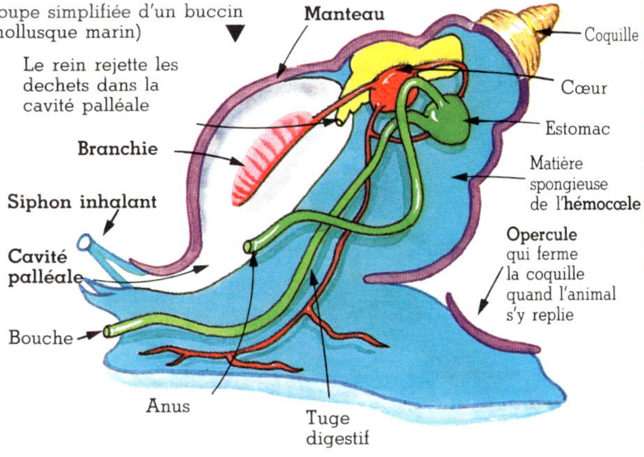

• **Arthropodes**, 112; **Echinodermes**, 113; **Branchie**, 44; **Siphon respiratoire**, 44; **Poumons**, 44; **Tubes de Malphigi**, 45; **Mollusques**, 112; **Pore néphridique**, 45 (**Néphridie**); **Tentacules**, 47: **Vertébrés**, 113; **Reins**, 72.

Revêtements corporels

Le corps de tous les animaux est recouvert d'un tégument ou d'une peau, complété généralement par un revêtement spécifique. Dans de nombreux cas, la peau est constituée de plusieurs couches de cellules superposées comme chez l'homme (pages 82 et 83). Chez les animaux les plus évolués, le revêtement garde la chaleur du corps (poils, fourrure ou plumes). Des revêtements rigides s'observent souvent chez des animaux qui n'ont pas de squelette interne. Ils constituent alors une structure solide appelée **exosquelette**. Les principaux types de revêtement sont présentés ci-dessous.

• **Cuticule**. Elément externe non vivant, imperméable, sécrété par la peau de certains animaux. Chez de nombreux animaux (crustacés, insectes) la cuticule durcie constitue un **exosquelette** formé de plaques rigides reliées par des bandes étroites et souples qui permettent les mouvements. La cuticule contient de la **chitine** (substance à base de sucre) et de la **sclérotine** (protéine résistante). Chez les vers, au contraire, la cuticule ne durcit jamais mais reste souple et cireuse.

Le terme **cuticule** est utilisé à tort pour désigner la **couche cornée*** de la peau de l'homme.

• **Ecailles**. Il y a deux types d'écailles : celles des poissons osseux comme la carpe, qui sont petites et sont souvent des os plats implantés sous l'épiderme, et celles couvrant les membres et tout le corps des **reptiles*** qui sont des zones de peau durcie.

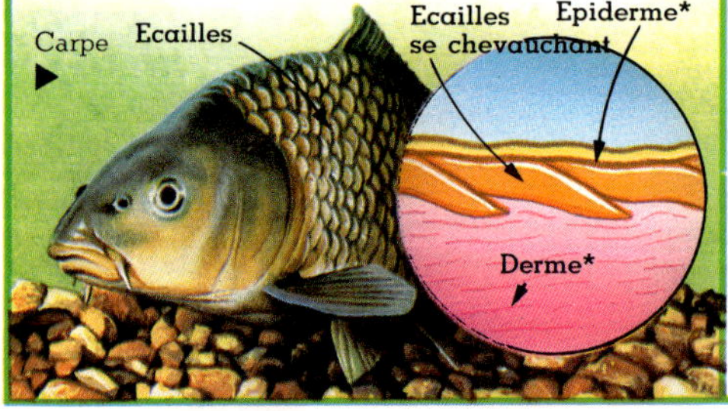

• **Carapace**. Revêtement très dur des crabes et des tortues. Elle est formée, chez la tortue, de plaques osseuses soudées entre elles sous une peau cornée mais, chez le crabe, de **cuticule** durcie.

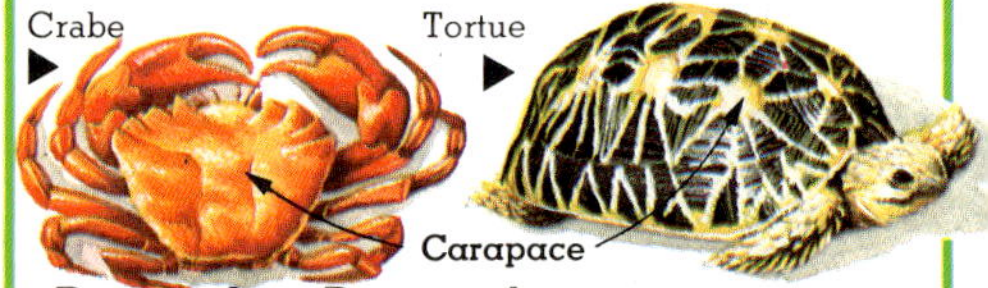

• **Denticules**. Petites plaques pointues formant un revêtement râpeux, couvrant le corps des poissons cartilagineux (raies, par ex.). Elles sont semblables aux dents et traversent l'épiderme contrairement aux **écailles**.

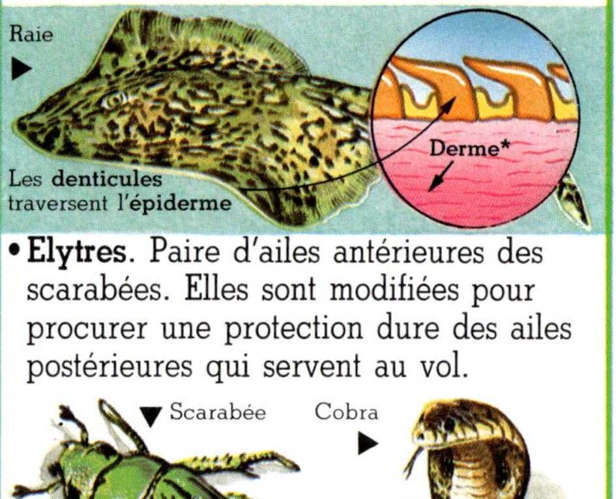

Les **denticules** traversent **l'épiderme**

• **Elytres**. Paire d'ailes antérieures des scarabées. Elles sont modifiées pour procurer une protection dure des ailes postérieures qui servent au vol.

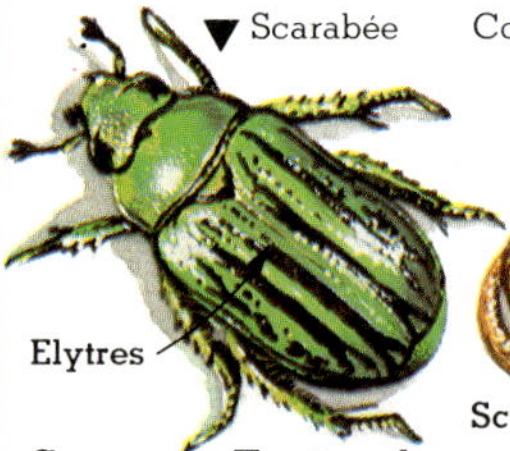

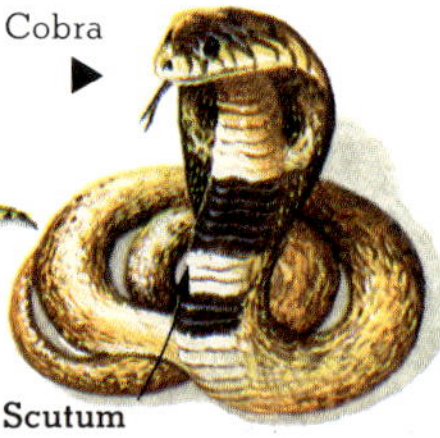

• **Scutum**. Toute plaque dure et externe servant, en particulier chez les reptiles, aux mouvements.

*Derme, 82 ; Epiderme, 82 ; Reptiles, 113 ; Couche cornée, 82.

Les plumes

Le revêtement imperméable extérieur des oiseaux est constitué de **plumes** qui forment ensemble le **plumage**. Chaque plume est un élément léger fait d'une substance fibreuse et cornée, la **kératine**. Chaque plume est faite d'une **tige** centrale (**rachis**) portant de chaque côté, les **barbes**. Les barbes portent à leur tour les barbules qui, sauf dans le duvet, sont munies de crochets. Comme les poils, les plumes sont reliées à des nerfs et à des muscles qui peuvent maintenir le plumage gonflé afin de conserver la chaleur (voir **muscles érecteurs des poils**, page 82).

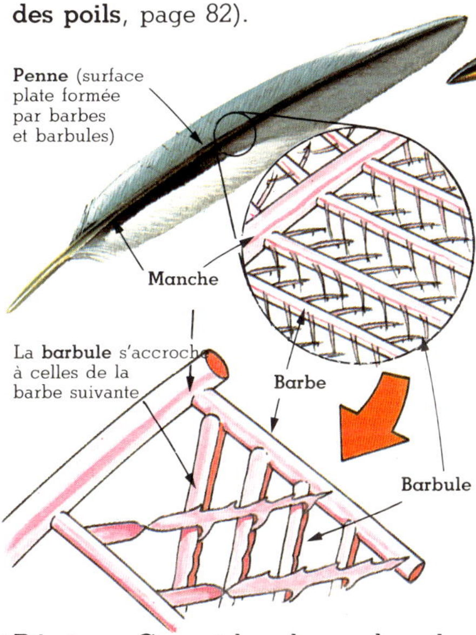

- **Rémiges**. Ce sont les plumes des ailes utilisées pour le vol. Les rémiges les plus longues et les plus solides sont dites primaires et les rémiges les plus courtes, secondaires.

- **Duvet**. Ce sont les plumes temporaires des jeunes oiseaux, douces et moelleuses, qui ont des **barbes** flexibles et pas de vraies **barbules**. Certaines espèces d'oiseaux conservent du duvet au stade adulte comme couche isolante.

- **Follicule**. Petite dépression sur la peau des oiseaux où s'implante une plume, tout comme les cheveux dans leurs **follicules pileux***. Les cellules à la base du follicule se multiplient pour fabriquer une plume qui poussera et deviendra dure et rigide.

***Follicules pileux**, 82.

Le mouvement

La plupart des animaux sont capables de se déplacer d'un lieu à un autre (**locomotion**), au moins à certains stades de leur développement. Les plantes ne déplacent que certaines parties de leur corps (voir **tropisme**). Les parties mobiles d'un animal sont très diverses suivant les espèces. Certaines ont des squelettes et des membres faits d'os semblables à ceux des humains (voir pages 50 à 55), d'autres des appendices adaptés à la locomotion (crustacés). Vous trouverez ci-dessous quelques exemples d'organes du mouvement chez les animaux.

Le mouvement chez les animaux simples

- **Cils**. Petits poils à la surface externe de nombreux petits organismes. Ils battent vigoureusement pour créer un mouvement. Les cils se trouvent aussi dans les cavités d'animaux plus complexes (trachée chez les humains d'où ils évacuent les corps étrangers microscopiques).

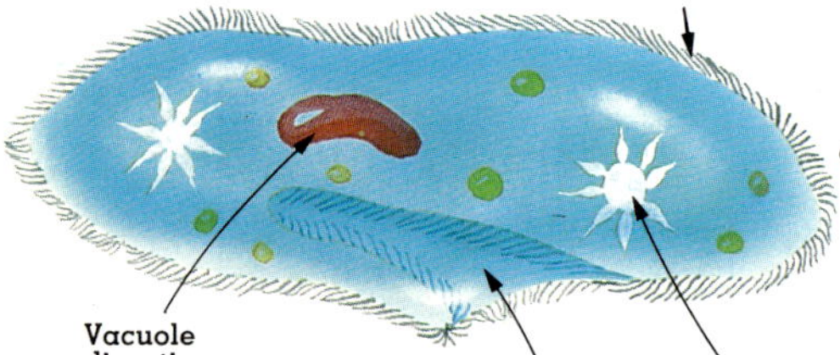

- **Flagelles**. Tout filament long et mince qui équipe, en particulier, de nombreux organismes monocellulaires. Ils fouettent l'élément ambiant pour donner un mouvement à l'organisme dont on dit qu'il est un **flagellé**.

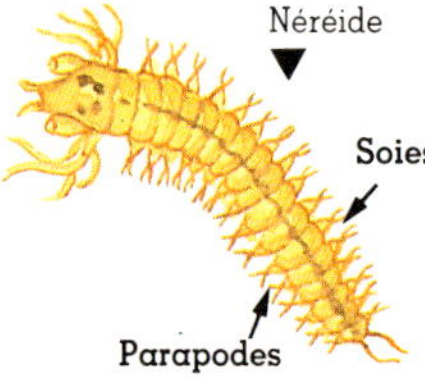

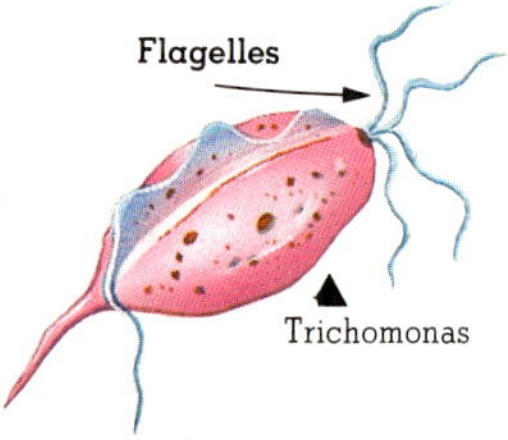

- **Parapodes**. Paires d'appendices latéraux chez de nombreuses espèces de vers aquatiques qui leur servant à se déplacer. Chacun est terminé par une touffe de soies qui peuvent également recouvrir le corps chez certaines espèces.

- **Pseudopodes**. Déformation digitiforme du **cytoplasme*** d'un organisme monocellulaire. De tels étirements se produisent soit pour le déplacement soit pour l'ingestion de particules de nourriture. Ce dernier processus est appelé la **phagocytose**.

Déplacement

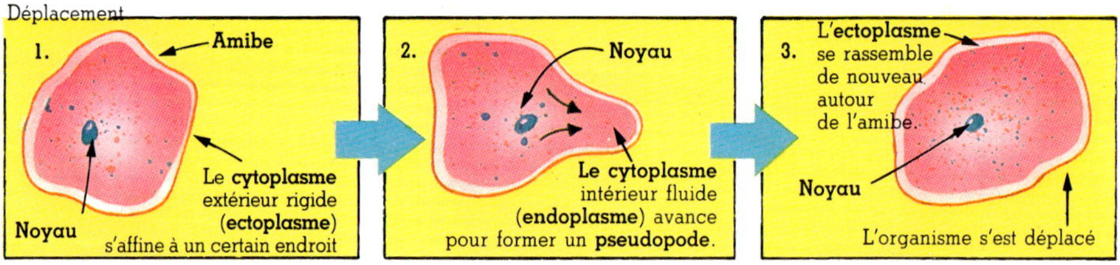

Phagocytose

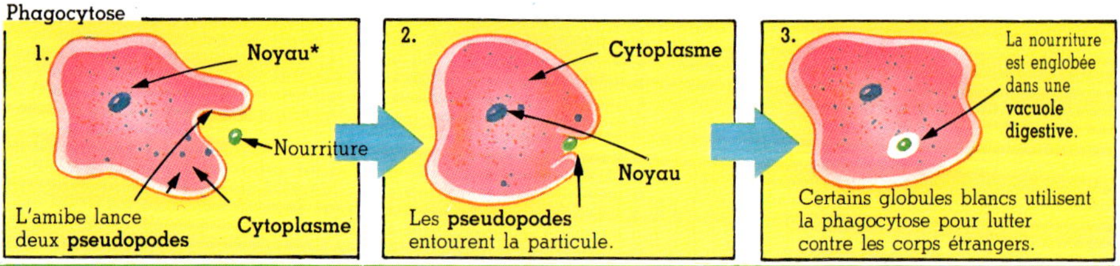

*Vacuole contractile, 45; Cytoplasme, Noyau, 10.

La nage

- **Nageoires**. Ce sont les appendices particuliers d'un poisson utilisés pour le mouvement, la stabilisation et les changements de direction. Elles sont constituées par des faisceaux d'os ou de **cartilage*** (selon l'espèce, voir page 113) qui les maintiennent et les rigidifient. Les poissons ont deux sortes de nageoires : celles qui vont par paires et les **médianes**.

Truite ▼

- **Nageoires médianes**. Ce sont celles qui courent le long de la ligne du dos et du ventre. Chez certains poissons, les anguilles par ex., elles forment une nageoire fine et unique tout le long du dos et du ventre, mais chez la plupart des autres elles sont divisées en **dorsale**, **caudale** (queue) et **anale**. Les nageoires dorsale et anale contrôlent les changements de direction latéraux. La nageoire caudale aide au déplacement longitudinal.
- **Nageoires paires**. Nageoires qui pointent symétriquement : ce sont les **pectorales** et les **pelviennes**. Elles contrôlent les mouvements verticaux.
- **Vessie natatoire**. Longue poche emplie d'air de la plupart des poissons osseux (classe des **Ostéichthyens***). Le poisson contrôle la quantité d'air dans la vessie natatoire selon la profondeur où il se trouve. De cette manière le poisson a toujours la même densité que l'eau, de sorte qu'il ne risque pas de couler s'il s'arrête de nager.

Médian signifie : sur la ligne de partage droite/gauche du corps.

Dorsal signifie : sur le dos ou la face supérieure.

Caudal signifie : sur la queue ou la partie postérieure.

Ventral signifie : sur le devant ou la face inférieure.

Le vol

- **Muscles pectoraux**. Deux paires de muscles chez de nombreux **mammifères***, mais particulièrement développés chez les oiseaux. Chaque aile est équipée d'un **muscle pectoral majeur** et d'un **pectoral mineur**, attachés sur le **bréchet** (extension du sternum). Ils font mouvoir les ailes en se contractant alternativement.

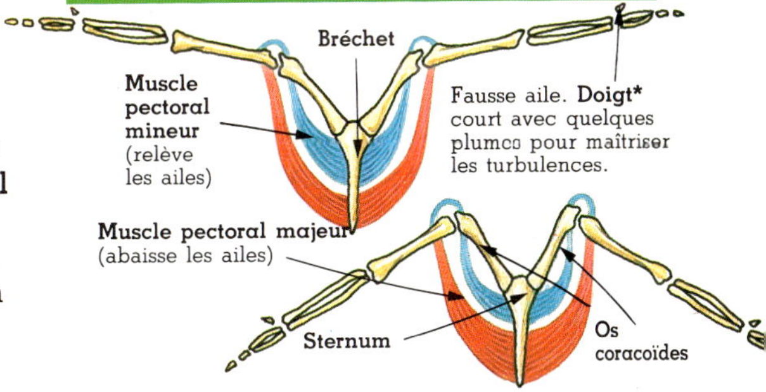

La marche (ongulés)

- **Onguligrades**. Ils marchent sur le bout des doigts (sabots). Ex. : le cheval.

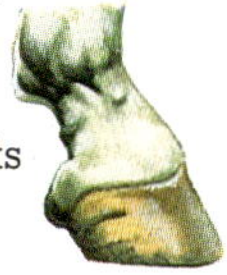

- **Digitigrades**. Ils marchent sur la partie inférieure des doigts. Ex. : le chien et le chat.

- **Plantigrades**. Ils marchent sur la plante du pied. Ex. : l'homme.

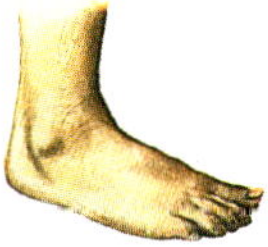

* **Cartilage**, 53 ; **Doigt**, 51 (**Phalanges**) ; **Mammifères**, **Ostéichthyens**, 113.

L'alimentation animale

Les animaux se nourrissent de différentes manières et grâce à différentes parties de leur corps. Certains ont des systèmes internes très complexes pour assimiler leur nourriture (voir pages 66 et 67). Voici quelques-uns des organes impliqués dans l'alimentation et la digestion.

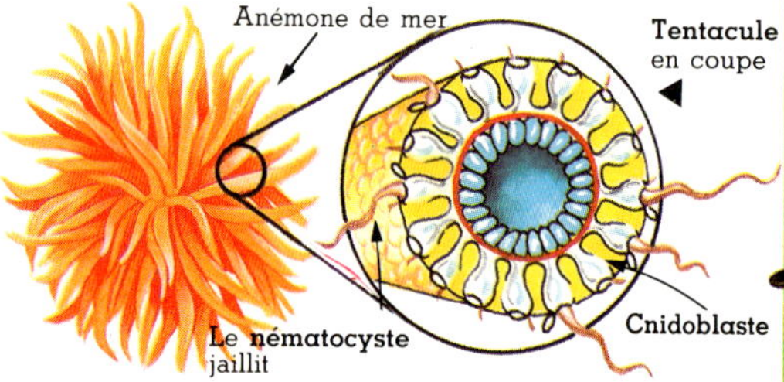

• **Cnidoblastes**. Cellules nombreuses des **tentacules*** des **coelentérés*** (anémones de mer) et utilisées pour saisir la nourriture. Chacune contient un **nématocyste** — long filament enroulé dans une poche minuscule qui frappe ou se colle à la proie.

Crâne de souris ▶

• **Diastème**. Espace entre les dents de devant et celles de l'arrière chez les herbivores et les rongeurs. Ces derniers insèrent leurs joues dans ces espaces ce qui les empêche d'avaler les substances qu'ils sont en train de ronger.

• **Dents carnassières**. Seconde **prémolaire*** supérieure et première **molaire*** inférieure des animaux chasseurs, utilisées pour déchirer la viande et briser les os.

• **Radula**. Langue râpeuse de nombreux **mollusques*** (escargots). Elle est couverte de petites excroissances dures qui râpent la nourriture.

L'appareil buccal des arthropodes

La bouche des **arthropodes*** (insectes, par ex.) est constituée d'un certain nombre de pièces bien différenciées, très bien adaptées au mode d'alimentation. Les pièces de base, communes à tous les insectes, sont les **mandibules**, les **maxillaires**, le **labre** et le **labium**. Les deux premiers se rencontrent également chez de nombreux autres arthropodes (crustacés, mille-pattes) et certains ont deux paires de maxillaires.

• **Filtrage**. Tamisage de l'eau pratiqué par de nombreux animaux aquatiques pour recueillir la nourriture du **plancton***. Chez les berniques par exemple, grâce à des cirrhes ou buissons tentaculaires ; chez certaines baleines, grâce à des fanons — longs os poilus suspendus à la mâchoire supérieure pour recueillir le **krill** dont elles se nourrissent.

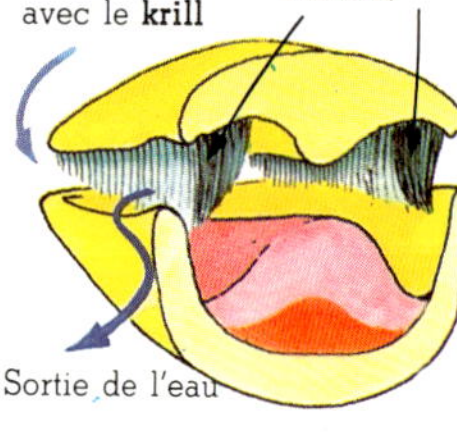

*Arthropodes, Coelentérés, 112 ; Molaires, 57 ; Mollusques, 112 ; Plancton, 114 ; Prémolaires, 57 ; Tentacules, 47.

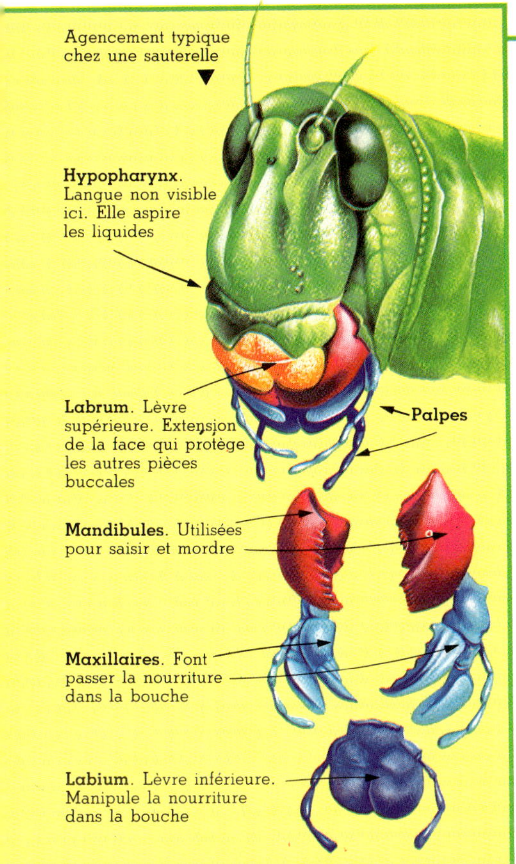

Système digestif

- **Jabot**. Poche mince faisant partie de l'**œsophage*** des oiseaux. Certains vers (lombrics) et certains insectes (sauterelles) ont un organe similaire. La nourriture y est stockée avant d'être envoyée vers le gésier.

- **Gésier**. Poche épaisse et très musculeuse à la base de l'**œsophage*** chez les animaux ayant un **jabot**. Ceux-ci n'ont pas de dents et la nourriture est broyée dans le gésier. Les oiseaux avalent des cailloux qui servent de meules. Chez d'autres animaux les muscles du gésier sont suffisamment puissants pour faire ce travail. Parfois, des structures ressemblant à des dents sont fixés sur les parois du gésier.

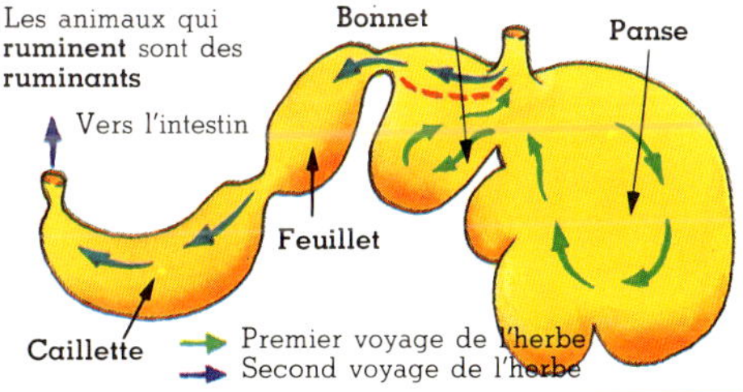

- **Panse**. C'est la première grande poche de l'estomac complexe des ruminants comme les vaches. L'herbe broutée y arrive sans être mâchée et y subit les effets d'une bactérie qui digère la **cellulose*** (de nombreux autres animaux ne peuvent digérer ni utiliser la **cellulose**). La nourriture partiellement digérée dans la panse et dans la deuxième poche, le **bonnet**, est alors régurgitée pour être mâchée dans la bouche (rumination). Elle prend alors le nom de **bol alimentaire**. Avalé de nouveau, le bol évite les deux premières poches et se retrouve dans la troisième puis la quatrième poche — le **feuillet** et la **caillette** — qui constituent l'estomac proprement dit.

- **Cæcum**. Toute poche sans issue à l'intérieur du corps, en particulier dans le système digestif. Chez certains animaux, comme le lapin, c'est là que la cellulose est digérée. Chez l'homme il constitue la première partie du **gros intestin***.

*Cellulose, 10 (Paroi cellulaire); Gros intestin, 67; Œsophage, 66; Palpes, 46.

La respiration animale

La **respiration** est un processus très complexe qui comprend plusieurs stades (voir introduction page 70). Globalement, l'oxygène est absorbé et utilisé par les cellules pour l'assimilation de la nourriture et l'oxyde de carbone est expulsé hors des cellules et du corps. Ci-dessous, vous trouverez les principaux organes de la respiration chez les animaux.

- **Spiracles**. Tout orifice corporel au travers duquel se fait l'échange oxygène/oxyde de carbone (évent d'une baleine par ex.). Le terme est surtout employé pour les minuscules orifices (**stigmates**) des **arthropodes*** (insectes).

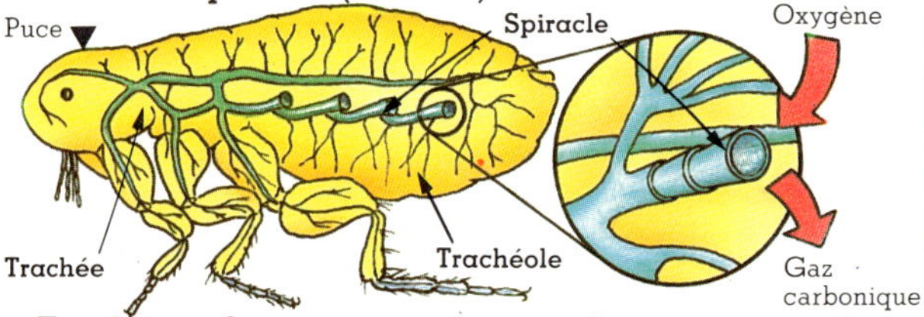

- **Trachées**. Organes respiratoires des insectes et des araignées les plus évoluées. Ce sont des tubes très fins, partant des spiracles et se ramifiant en un réseau interne de **trachioles** plus petites. L'oxygène de l'air passe directement des tubes dans les cellules. Le gaz carbonique emprunte le même chemin, mais dans l'autre sens. La trachée désigne aussi le tube qui conduit l'air vers les poumons des reptiles, des oiseaux et des mammifères.

- **Poumons en feuillets**. Paire d'organes que l'on trouve chez les scorpions (4 paires) et chez quelques araignées inférieures (une ou 2 paires). Chacun est composé d'une grande quantité de feuillets superposés comme les pages d'un livre. L'oxygène entre par des **spiracles** (un par série de feuillets) et est absorbé par le sang. L'oxyde de carbone fait le chemin inverse.

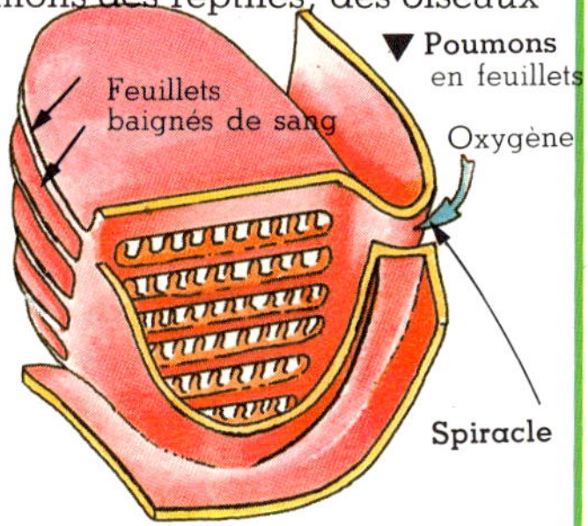

Branchies

Les branchies sont les organes respiratoires de nombreux animaux aquatiques. Au contact direct de l'eau, les branchies sont très riches en vaisseaux sanguins dont les parois sont perméables aux gaz : l'oxygène dissous dans l'eau est absorbé par le sang, le gaz carbonique y est éliminé. Il y a deux types de branchies : **interne** et **externe**.

Respiration **branchiale**

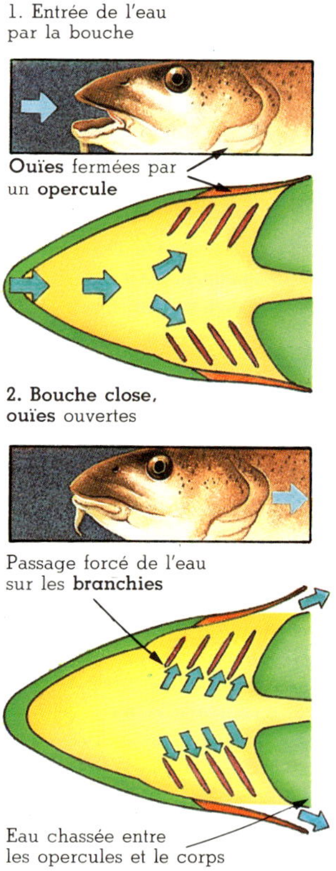

- **Siphon**. Tube transportant l'eau vers (**siphon inhalant**) ou à partir (**siphon exhalant**) des **branchies** chez de nombreux animaux aquatiques, comme les mollusques (voir schéma page 37). Le siphon exhalant des **céphalopodes*** (pieuvres) est appelé **hyponome***

* **Arthropodes**, **Céphalopodes**, 112 ; **Hyponome**, 47.

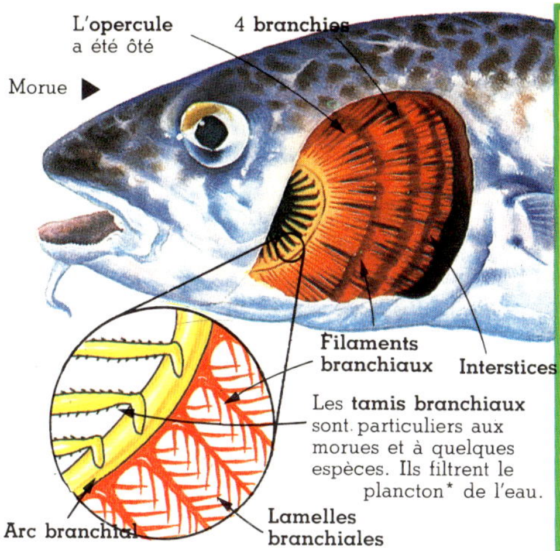

- **Branchies internes**. Se trouvent chez de nombreuses variétés de poissons, chez la plupart des **mollusques*** et des **crustacés***. La plupart des poissons ont 4 paires de branchies avec des fentes dites **interstices branchiaux**. Chez les poissons évolués, comme la morue, elles sont recouvertes par un **opercule**. Chez les poissons primitifs comme les requins, elles aboutissent à des fentes de chaque côté de la tête. Chaque branchie consiste en un **arc** d'os ou de cartilage équipé de nombreux **filaments** branchiaux en éventail constitués eux-mêmes de **lamelles** branchiales encore plus fines. Tous ces éléments sont très vascularisés.
- **Branchies externes**. S'observent lors des stades primaires du développement de nombreux poissons et d'**amphibiens***, chez certains amphibiens adultes et chez les larves aquatiques d'insectes (**larve*** de phrygane et **nymphe*** d'éphémère, par ex.). Leur forme exacte dépend du type d'animal mais il s'agit en général d'excroissances couvertes de filaments sortant de la tête de têtards ou d'axolotls (variété de salamandres) par exemple.

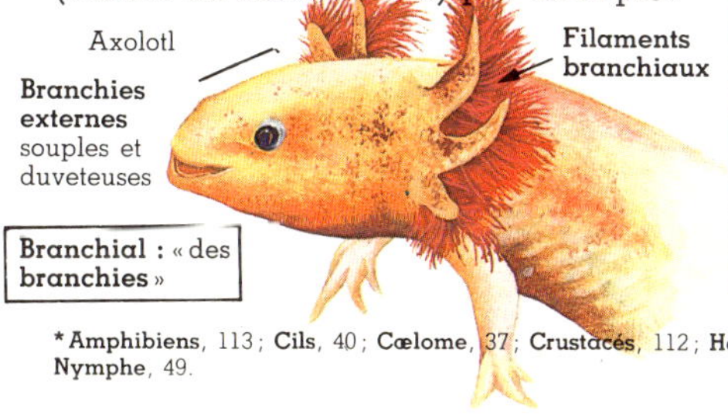

Branchial : « des branchies »

L'excrétion

Fonction très importante, c'est l'élimination des déchets du métabolisme vital. Elle permet à l'organisme d'éliminer des substances nuisibles pour lui (l'urée, par ex.) et de maintenir à un niveau stable, l'eau et les sels minéraux de l'organisme (voir **homéostasie** page 105).

- **Vacuoles contractiles**. Petites poches servant à la régulation des fluides dans les organismes unicellulaires aquatiques. L'eau en excès emplit la vacuole grâce à plusieurs canaux en étoile. Quand la vacuole est pleine, elle se contracte brusquement et éclate, chassant l'eau hors de la cellule au travers de la membrane extérieure.

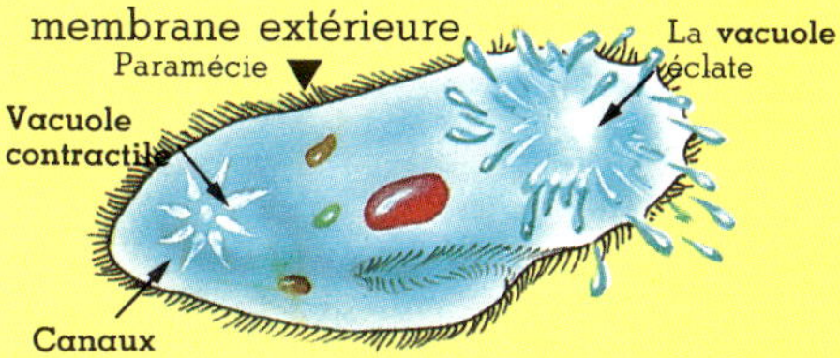

- **Néphridies**. Tubes chargés de l'excrétion chez les vers et les **larves*** de nombreux **mollusques***. Chez les vers supérieurs, les néphridies filtrent directement les déchets à partir du **cœlome*** (voir schéma page 37). Les vers inférieurs et les larves de mollusques ont des organes plus primitifs, les **protonéphridies** : des cellules appelées **solénocytes** filtrent et évacuent les déchets grâce à un faisceau de cils mobiles comme une flamme (flamme vibratile). L'orifice des néphridies et des protonéphridies est le **néphridiopore**.

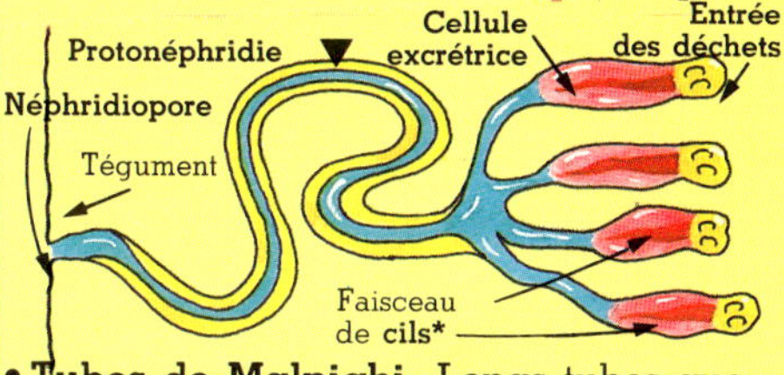

- **Tubes de Malpighi**. Longs tubes que l'on trouve chez de nombreux insectes. Ils transportent les déchets dissous de la cavité principale (**hémocœle***) jusqu'à la partie postérieure de l'intestin (voir schéma, page 37).

***Amphibiens**, 113 ; **Cils**, 40 ; **Cœlome**, 37 ; **Crustacés**, 112 ; **Hémocœle**, 37 ; **Larve**, 49 ; **Plancton**, 114 ; **Mollusques**, 112 ; **Nymphe**, 49.

Organes de la communication

Tous les animaux présentent une certaine **sensibilité** ou **irritabilité**, c'est-à-dire une capacité à répondre aux stimuli extérieurs comme la lumière ou les vibrations sonores. L'être humain a un très haut niveau général de développement sensoriel, mais chez les animaux, certains sens particuliers peuvent être beaucoup plus développés que chez l'homme (la vision chez le faucon, par ex.). Nous avons fait un catalogue de la plupart des grands sens animaux et de leurs agencements. Ils envoient des messages (impulsions nerveuses) au cerveau (ou au centre nerveux primitif) qui renvoie la réponse adéquate.

Audition et équilibre

- **Lignes latérales**. Ce sont deux canaux emplis d'eau implantés de chaque côté du corps, juste sous la peau. On les trouve chez les poissons et tous les **amphibiens*** qui vivent la plus grande partie du temps dans l'eau (certains crapauds). Ils leur permettent de détecter les courants et les moindres changements de pression ce qui leur sert à s'orienter.

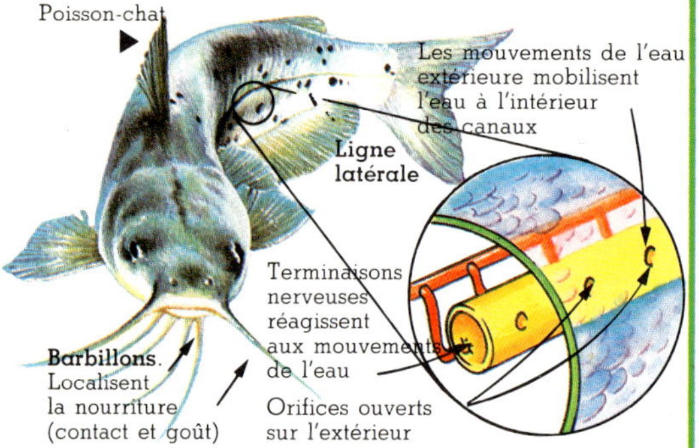

- **Tympans**. Détecteurs sonores que l'on trouve sur la partie inférieure ou les membres de certains insectes comme le criquet et sur la tête d'**amphibiens*** (grenouille). Ce sont de petits sacs d'air recouverts d'une fine couche de tissu. Des fibres spécialisées répondent à la fréquence des sons perçus.
- **Statocystes**. Organes de l'équilibre présents chez de nombreux **invertébrés*** aquatiques (méduse). Il s'agit de poches contenant des grains de sable, les **statolithes**. Quand l'animal se déplace, les grains bougent, excitant certaines cellules qui l'informent de sa position.

Toucher, odorat, goût

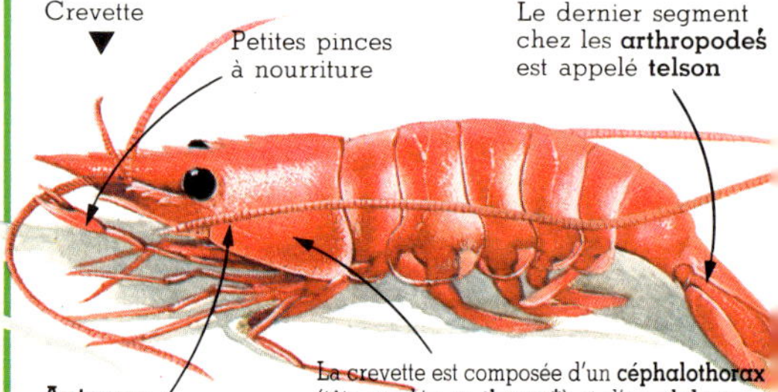

La crevette est composée d'un **céphalothorax** (tête soudée au **thorax***) et d'un **abdomen**.

- **Antennes**. Appendices articulés en forme de fouets sur la tête des insectes et des **myriapodes*** (une paire) et des **crustacés*** (deux paires). Elles réagissent au toucher, à la température et aux contacts chimiques (permettant le goût et l'odorat) ; certains crustacés s'en servent aussi pour nager et pour s'attacher à des objets ou à d'autres animaux.

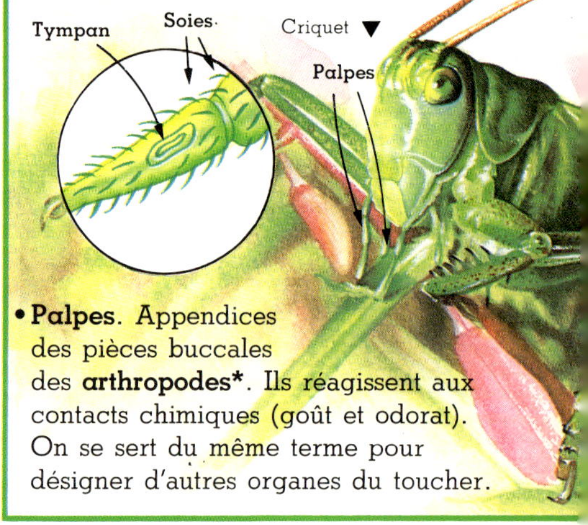

- **Palpes**. Appendices des pièces buccales des **arthropodes***. Ils réagissent aux contacts chimiques (goût et odorat). On se sert du même terme pour désigner d'autres organes du toucher.

* **Amphibiens**, 113 ; **Arthropodes**, **Crustacés**, 112 ; **Invertébrés**, 113 (note 8) ; **Myriapodes**, 113 (note 5) ; **Thorax**, 36 (**segmentation**).

Communication

- **Phéromone**. Tout produit chimique produit par un animal qui provoque une réaction chez les membres de son espèce (stimulant sexuel, par ex.).
- **Syrinx**. Organe vocal des oiseaux, analogue du **larynx*** situé à la base de la trachée.

- **Vibrisses**. Poils longs et rigides se dressant sur la face de nombreux **mammifères*** autour du nez (chats, par ex.). Ils sont sensibles au toucher.

- **Tentacules**. Longs organes souples que l'on rencontre chez de nombreux **mollusques*** et **cœlentérés***. Chez certains animaux, ils servent à la préhension des aliments (méduses) et des proies (pieuvres), chez d'autres au toucher (mollusques). Chez les escargots terrestres, la paire la plus courte porte en outre des yeux.

- **Soies**. Poils produits par la peau chez de nombreux **invertébrés*** (insectes). Des terminaisons nerveuses à leur base leur font sentir mouvements de l'air et vibrations.

Vue

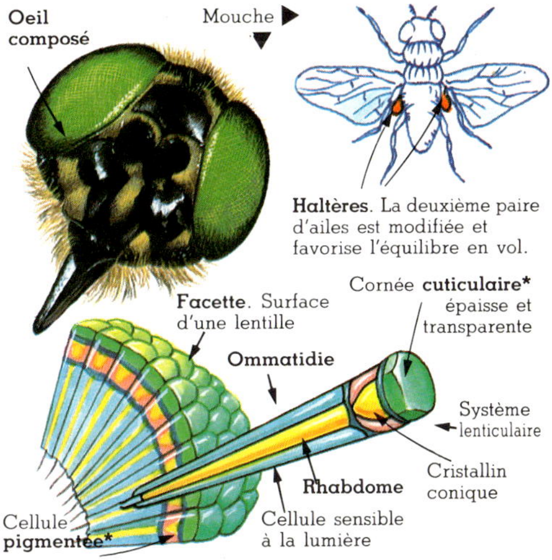

- **Yeux composés.** Yeux des insectes et des crustacés constitués de centaines d'unités de vision indépendantes appelées facettes ou **ommatidies**. Chacune possède un système optique qui transporte la lumière le long d'un **rhabdome** ou baguette transparente entourée de cellules sensibles à la lumière et d'où part une fibre nerveuse.
Après réception des informations des ommatidies (chacune ayant un angle de vision légèrement différent de sa voisine), le système nerveux central agence le tout en une seule **image en mosaïque**. Le résultat est sommaire par rapport à l'œil humain mais suffisant pour les besoins de l'animal.

Fleur vue à travers un **œil composé (mosaïque)**

*Arthropodes, 112 ; Cœlentérés, 112 ; Cuticule, 38 ; Invertébrés, 113 (note 8) ; Larynx, 70 ; Mammifères, 113 ; Mollusques, 112 ; Pigments, 27.

La reproduction animale

La **reproduction** est la création d'un nouvel être vivant. La plupart des animaux se reproduisent par la **reproduction sexuée***, fusion d'une cellule femelle, appelée **ovule**, avec une cellule mâle ou **spermatozoïde**. Vous trouverez ci-dessous les principaux termes utilisés pour décrire la reproduction animale.

Campagnol ▶

- **Vivipare**. Ce terme décrit les animaux (les humains, par ex.) chez qui la **fécondation** de l'ovule par le spermatozoïde et le développement de l'**embryon*** se font à l'intérieur du corps de la femelle (**fécondation interne**). Le jeune individu est expulsé tout formé du corps de sa mère.

- **Ovipare**. Ce terme décrit les animaux chez qui le développement de l'**embryon*** se fait à l'intérieur d'un **œuf** qui est pondu par la mère. En certains cas (oiseaux, par ex.) l'ovule est fécondé par le spermatozoïde à l'intérieur de la femelle et l'œuf est donc déjà fécondé à la ponte. Dans d'autres cas (nombreux poissons, par exemple) les œufs contenant les ovules sont d'abord pondus, puis fécondés par le mâle (**fécondation externe**).

- **Oeufs**. Il en existe deux grands types : le premier, pondu par les oiseaux, les reptiles* et les requins. Un tel œuf isole l'**embryon*** de son environnement, ne laissant filtrer que les gaz à travers la coquille dure (les déchets restent à l'intérieur). Il contient assez de réserve nutritive pour le développement complet de l'embryon. Le jeune naît comme un modèle réduit de l'adulte. L'autre type d'œuf, pondu par la plupart des poissons par ex. a une membrane molle qui laisse passer liquides, gaz et déchets. Le jeune n'est pas complètement formé à la naissance.

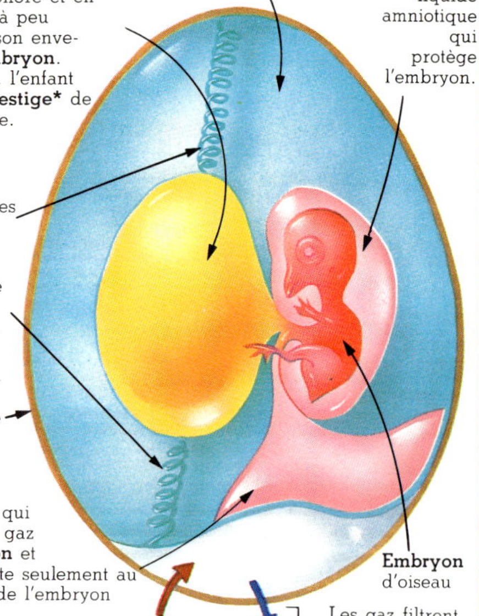

*Embryon, 93 ; **Reptiles**, 113 : **Reproduction sexuée**, 92 ; **Vestiges**, 67, (**Appendice**).

• **Oviducte**. Ce sont les tubes par lesquels les **œufs** ou les **ovules** sont expulsés. Chez la femme, les **trompes de Fallope***, l'**utérus*** et le **vagin*** forment l'oviducte.

• **Oviscapte**. C'est un organe situé à l'extrémité de l'abdomen des insectes et qui permet à la femelle de pondre ses **œufs**. Il est souvent long et pointu pour lui permettre de pondre à l'intérieur des tissus végétaux ou animaux.

• **Spermathèque**. C'est un réservoir que l'on trouve chez nombre de femelles d'**invertébrés*** (insectes par ex.) ou de **vertébrés*** inférieurs (tritons) où elles conservent les **spermatozoïdes** après l'accouplement en attendant la fécondation des **ovules**. Certains animaux **hermaphrodites** — possédant à la fois des organes mâles et femelles (vers de terre, par ex.) — ont aussi des spermathèques. Ils échangent leurs spermes au moment de l'accouplement.

Métamorphose complète. Les formes intermédiaires (les larves) entre l'**œuf** et l'adulte sont si différentes l'une de l'autre qu'elles portent souvent des noms particuliers : asticot (mouche), ver blanc (hanneton), chenille (papillon), etc.

▼

1.

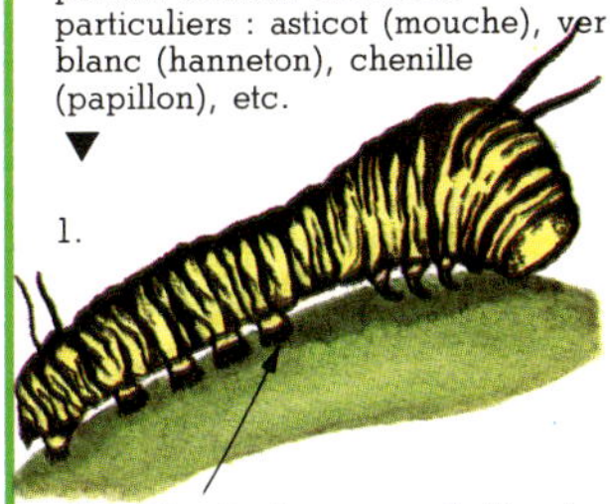

Chenille. La larve sort de l'œuf. La chenille , pour grandir, est obligée de perdre plusieurs fois son tégument : elle mue. Le phénomène de la **mue** se voit chez tous les animaux à tégument chitineux.

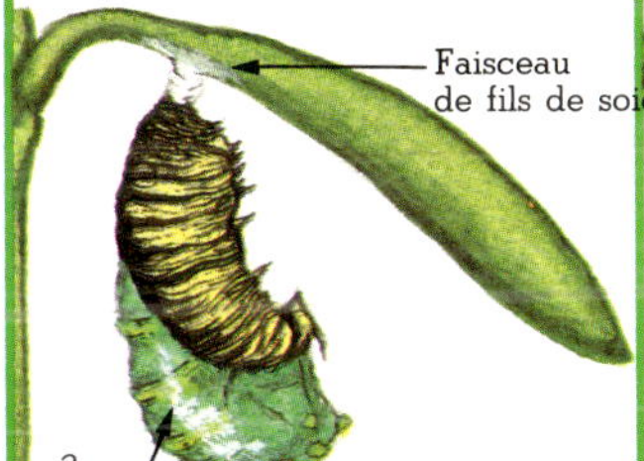

Faisceau de fils de soie

2.

La dernière mue de la chenille produit une **nymphe**.

3.

La nymphe chez les papillons est appelée **chrysalide** dont l'enveloppe épaisse la protège. De nombreux papillons de nuit s'entourent, en plus, d'un **cocon** soyeux.

4.

L'enveloppe se fend lors de l'éclosion

5.

Insecte adulte (**imago**)

Métamorphose incomplète. Les transformations des formes jeunes sont moins marquées et le développement se fait par étapes comme chez la sauterelle.

▼

Nymphe

La **nymphe** sort de l'œuf. Cette larve ressemble à un petit adulte mais superficiellement seulement (ailes absentes ou non développées, nombreux organes internes manquants). La nymphe subit de nombreuses mues au cours desquelles apparaissent des organes de l'adulte.

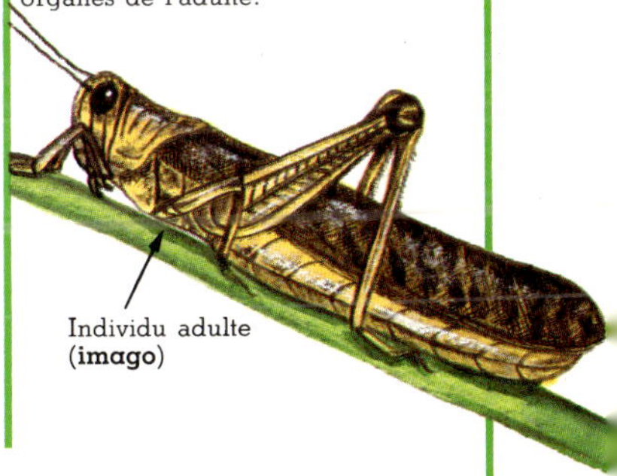

Individu adulte (**imago**)

• **Métamorphose**. Le développement de certains animaux implique le passage par différentes formes intermédiaires très éloignées de l'individu adulte. Les métamorphoses sont une série de transformations conduisant de la larve initiale à l'adulte final. Tous les insectes, et tous les crustacés (par ex. langouste) et des **amphibiens*** présentent plus ou moins complètement ce phénomène (les formes larvaires des grenouilles, les **têtards**, ont des branchies mais pas de membres). Ci-dessus, vous pouvez suivre deux types de **métamorphose** — **complète** et **incomplète.**

* **Amphibiens**, 113 ; **Trompes de Fallope**, 92 ; **Invertébrés**, 113 (note 8) ; **Utérus**, **Vagin**, 89 ; **Vertébrés**, 113.

Le squelette

Le **squelette** humain est une structure de plus de 200 os qui soutient et protège les organes mous et fournit un bon support à l'insertion et au travail des muscles.

- **Crâne**. Boîte protégeant le cerveau et les organes faciaux. Il est constitué des **os crâniens** et **faciaux**, soudés entre eux par des **sutures**. La mâchoire supérieure, par exemple, est formée de deux os soudés, les **maxillaires**.

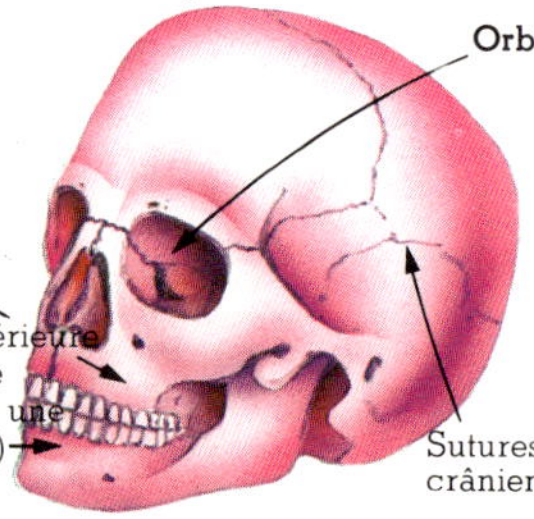

- **Cage thoracique**. Ensemble d'os formant le **thorax**, constitué de 12 paires de **côtes**, des **vertèbres thoraciques** et du **sternum**. Les 7 premières paires de côtes sont réunies au sternum par les **cartilages* costaux**. Les cinq paires suivantes sont les **fausses côtes** (les 3 premières sont réunies au sternum par le cartilage de la 7e paire de vraies côtes, les 2 dernières sont des côtes **flottantes** attachées vers l'arrière aux vertèbres thoraciques.

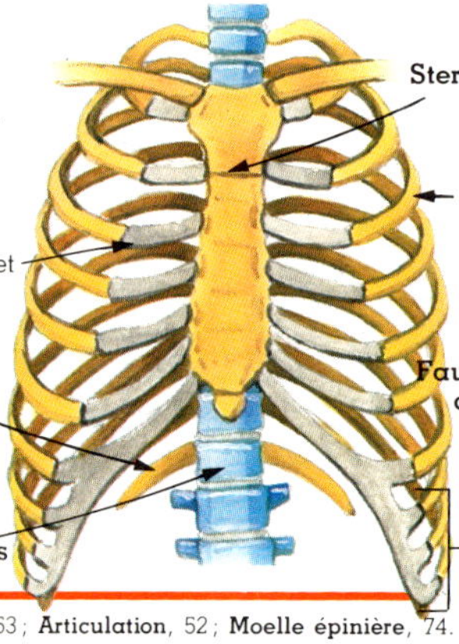

- **Colonne vertébrale**. Chaîne flexible de 33 vertèbres qui protège la **moelle épinière***, soutient la tête et fournit des points d'attache au bassin et à la cage thoracique.

- **Vertèbres**. Les 33 os de la **colonne vertébrale**. Une vertèbre typique a un **corps** épais, plusieurs apophyses et un trou central — le **foramen**. L'ensemble des foramen forme le **canal spinal** ou vertébral, au travers duquel court la **moelle épinière***.

Les différentes vertèbres sont toutes nommées sur le schéma du squelette sur la page opposée. Les 24 vertèbres supérieures sont mobiles et reliées

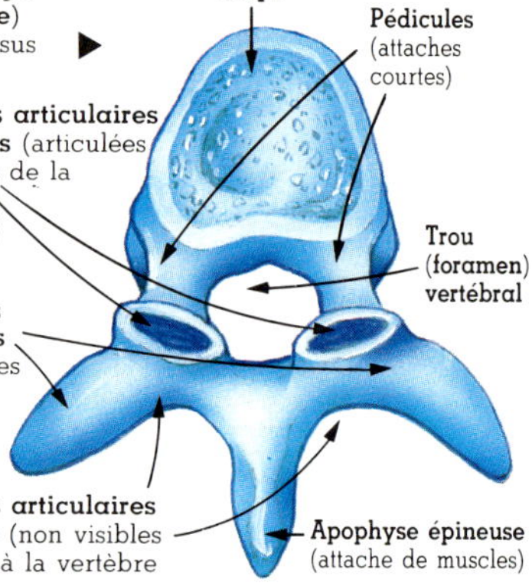

par des **disques inter-vertébraux cartilagineux***. Les 9 vertèbres inférieures sont soudées entre elles. Elles ont toutes la même structure que celle décrite plus haut sauf les deux les plus hautes, l'**atlas** et l'**axis**. L'atlas (première vertèbre) a une liaison spéciale avec le **crâne**. L'axis a une apophyse qui se loge dans l'atlas et forme avec lui une articulation permettant à la tête de tourner et de pivoter dans presque tous les plans.

*Cartilage, 53 ; Articulation, 52 ; Moelle épinière, 74.

Les os du squelette

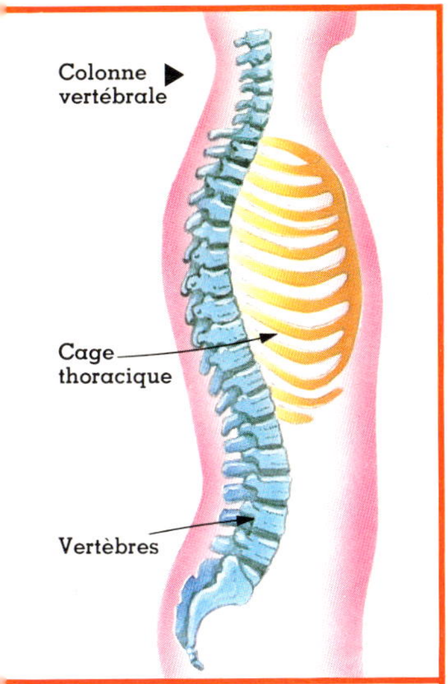

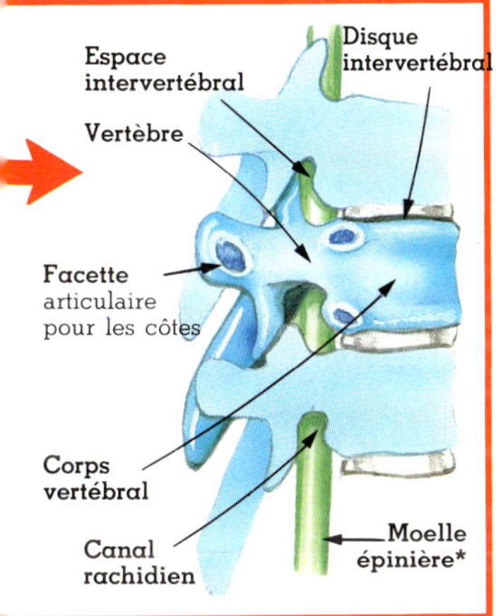

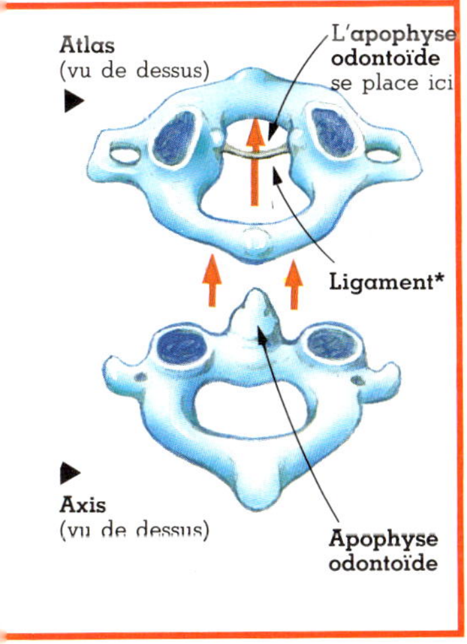

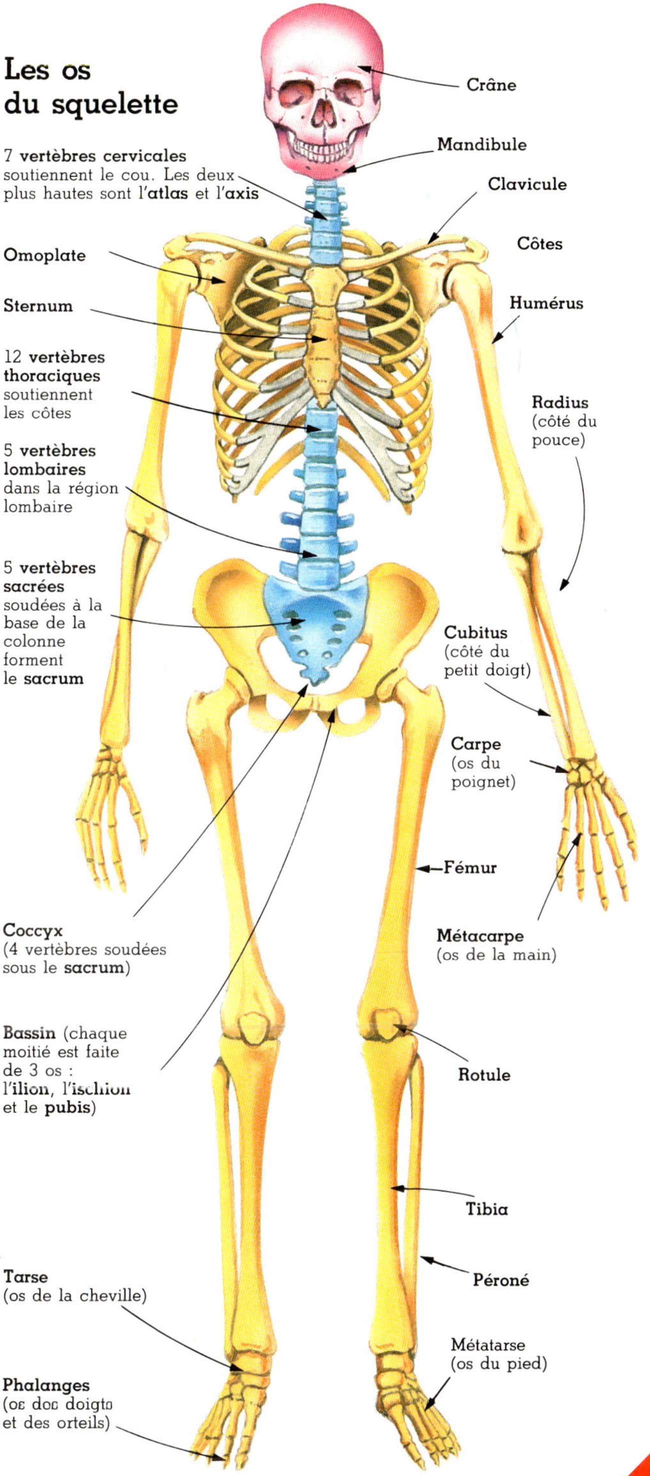

***Ligament**, 52 ; **Moelle épinière**, 74.

Os et articulations

Les os du squelette sont réunis par de nombreuses **articulations**. Certaines sont fixes et n'autorisent aucun mouvement, par ex. les sutures* du crâne. La plupart, cependant, sont mobiles et elles donnent au corps sa souplesse. Les plus courantes sont citées ci-dessous.

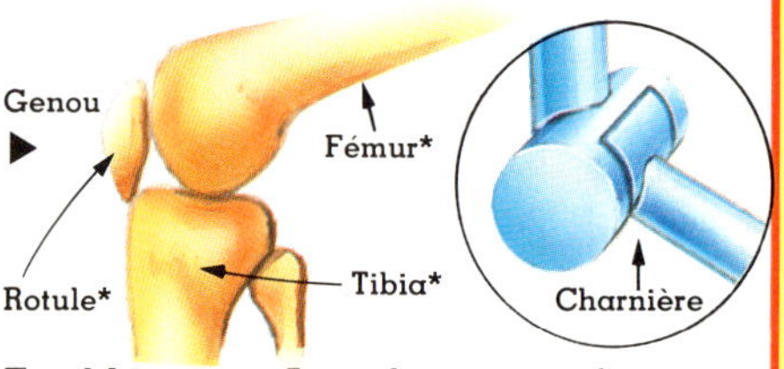

• **Trochléennes**. Articulations qui fonctionnent comme les charnières d'une porte. La partie mobile ne peut se déplacer que dans un seul plan et dans deux directions (avant/arrière), par ex. le genou.

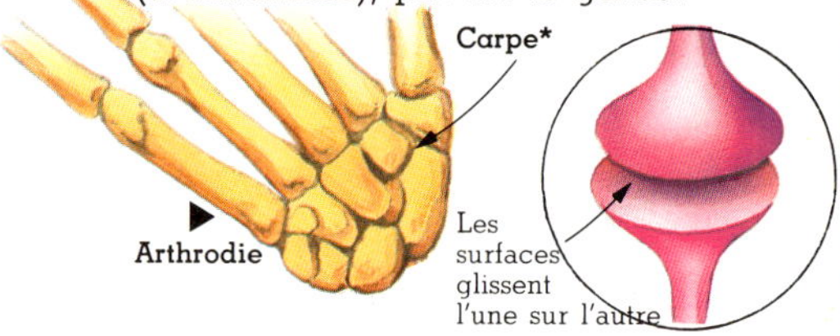

• **Arthrodies**. Deux surfaces plates glissent l'une contre l'autre. Elles sont plus souples que les **charnières**.

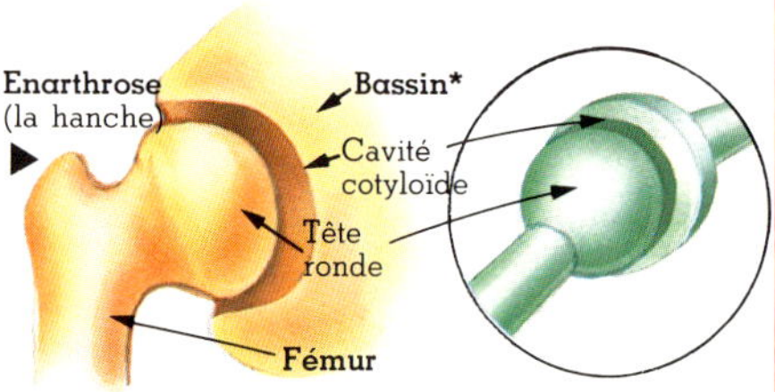

• **Enarthrose**. La plus souple des articulations. L'os mobile a une tête ronde qui roule librement dans une cavité adaptée de l'os fixe. Les mouvements sont possibles dans toutes les directions.

Tissu conjonctif

Il existe un grand nombre de **tissus conjonctifs** dans le corps. Ils protègent et relient tous des cellules et des organes et leur principe est un matériau inerte parsemé de cellules vivantes. Leurs différences résident dans la nature de ce matériau. Tous les tissus d'une articulation, y compris l'**os** lui-même, sont des variétés de tissus conjonctifs. Ils contiennent tous des fibres de protéine et sont soit fibreux (contenant des fibres de **collagène**) soit élastiques (contenant de l'élastine).

• **Périoste**. Fine couche de tissu conjonctif élastique. Il entoure tous les os, sauf aux articulations où le **cartilage** le remplace. Il contient des **ostéoblastes**, cellules qui fabriquent de nouvelles cellules de tissu osseux, nécessaires à la croissance et à la réparation.

• **Ligaments**. Bandes de tissu conjonctif qui unissent entre eux les os d'une même articulation. Ils maintiennent aussi de nombreux organes en place. La plupart sont résistants bien qu'élastiques (entre les **vertèbres***, par ex.).

• **Os** ou **tissu osseux**. Type très particulier de tissu conjonctif rigide rendu extrêmement résistant par une substance composée de phosphore et de calcium. Les cellules vivantes des os, les **ostéocytes** vivent dans des espaces très réduits, les **lacunes**, au sein de cette matière inerte. ▶

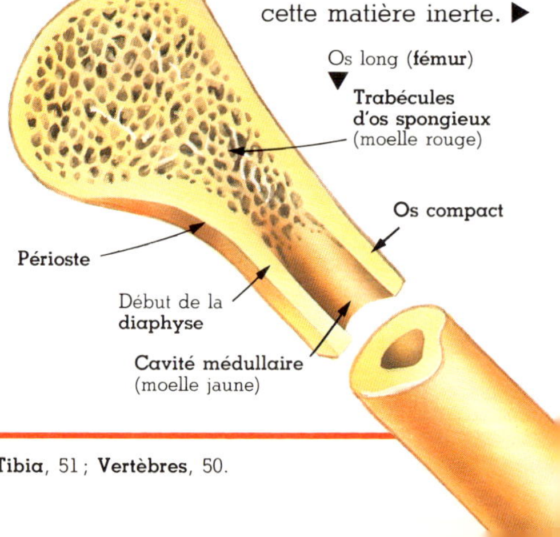

*Carpiens, Fémur, Rotule, Bassin, 51 ; Sutures, 50 : Tibia, 51 ; Vertèbres, 50.

• **Capsule synoviale.** Sac limité par une membrane de tissu conjonctif élastique et contenant un peu de liquide. Cette capsule facilite le glissement des os dans l'articulation.

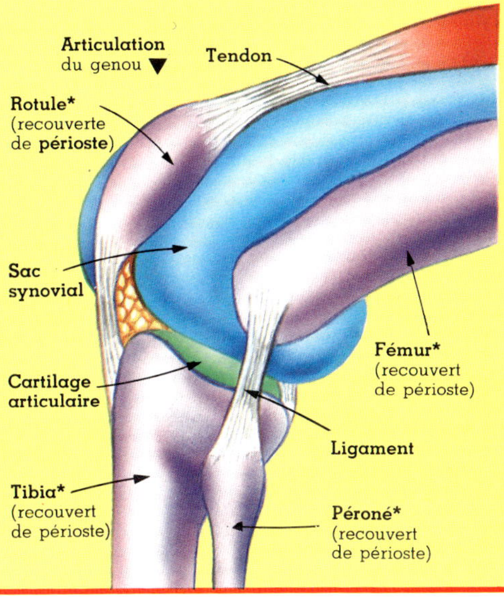

• **Tendons.** Bandes de tissu conjonctif très résistantes qui unissent les muscles aux os. Chacun est le prolongement de l'enveloppe externe du muscle et des enveloppes particulières de chaque faisceau de fibres musculaires.

• **Cartilage.** Tissu conjonctif semi-rigide. Dans certaines articulations comme les vertébrales, il sert de coussin protecteur entre les os. Dans les articulations qui comportent une capsule synoviale, il recouvre l'extrémité des os ; on l'appelle alors **cartilage articulaire.**

Le bout du nez et le pavillon de l'oreille en sont faits. Chez les enfants, une partie du squelette est faite de cartilage. Lors de la croissance, celui-ci est peu à peu remplacé par de l'os contenant des sels minéraux (**ossification** ou **ostéogénèse**).

▶ Il y a deux types d'os. L'**os spongieux** que l'on trouve dans les os courts et/ou plats (**sternum***) et dans les têtes des os longs (**fémur***). Il consiste en un tissu fait de lamelles entrecroisées, les **trabécules**, laissant entre elles des espaces libres, emplis de **moelle rouge** (cf. **moelle osseuse**). L'**os compact** forme la partie externe de la diaphyse des os longs. Il contient beaucoup moins de vide et est formé de lamelles concentriques entourant les **canaux de Havers**. Ceux-ci conduisent le sang et les stimuli nerveux vers les ostéocytes à travers un réseau complexe de vaisseaux.

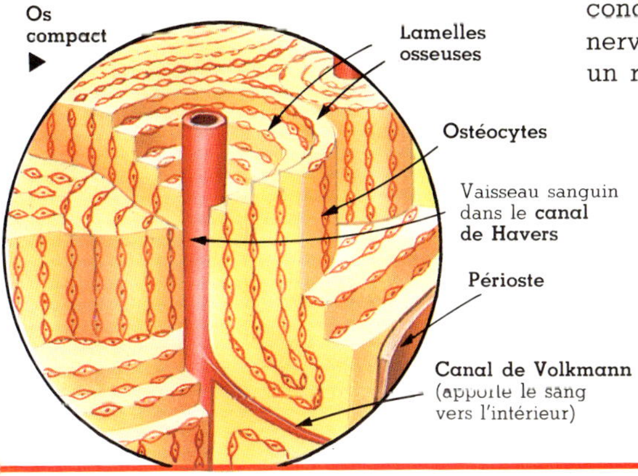

• **Moelle osseuse.** Il en existe deux types. La **moelle rouge** que l'on trouve dans l'**os spongieux** et c'est en son sein que les nouveaux globules rouges du sang (ainsi que quelques blancs) sont fabriqués. La **moelle jaune** qui est une réserve de graisse et que l'on trouve dans la partie centrale creuse des os longs.

*Fémur, Péroné, Rotule, Sternum, Tibia, 51 ; Vertèbres, 50.

Les muscles

Paires antagonistes ▶

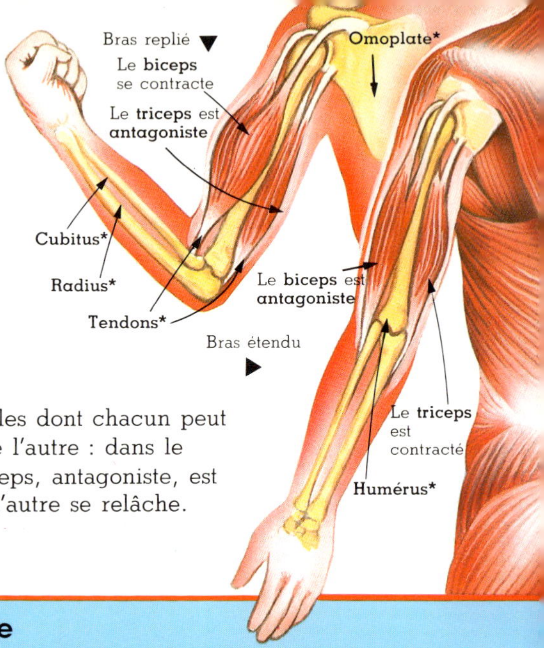

Les **muscles** sont faits d'un tissu particulièrement contractile que l'on retrouve dans toutes les parties du corps. Ils sont dits **volontaires** s'ils sont commandés par la volonté et **involontaires** s'ils échappent à la volonté consciente. Voir types de muscles page opposée.

- **Paires antagonistes**. Paires de muscles dont chacun peut produire un effet contraire à celui de l'autre : dans le bras, le biceps est fléchisseur, le triceps, antagoniste, est extenseur. Quand l'un se contracte, l'autre se relâche. Cet agencement est très fréquent.

Structure du tissu musculaire

Quel que soit son type, le tissu musculaire est constitué de **fibres musculaires**, de vaisseaux sanguins qui apportent la nourriture nécessaire, de nerfs qui commandent les mouvements eux-mêmes. Il existe plusieurs types de tissu musculaire :

- **Tissu strié**. Il se trouve surtout dans les muscles du squelette. Il est formé de longues cellules appelées **fibres musculaires**, regroupées en faisceaux. Chacune de ces fibres contient de

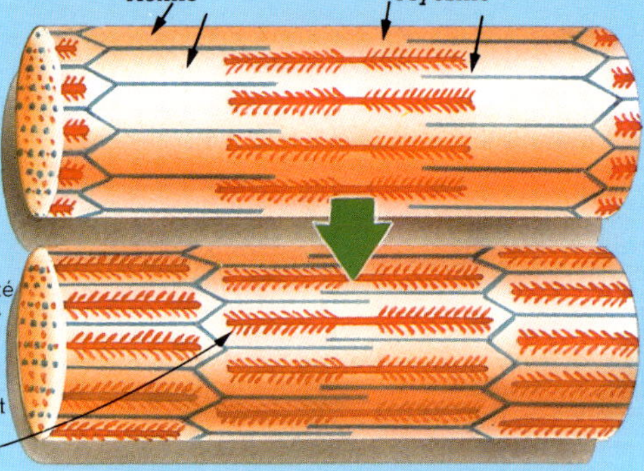

Muscle du squelette (structure **striée**) ▼

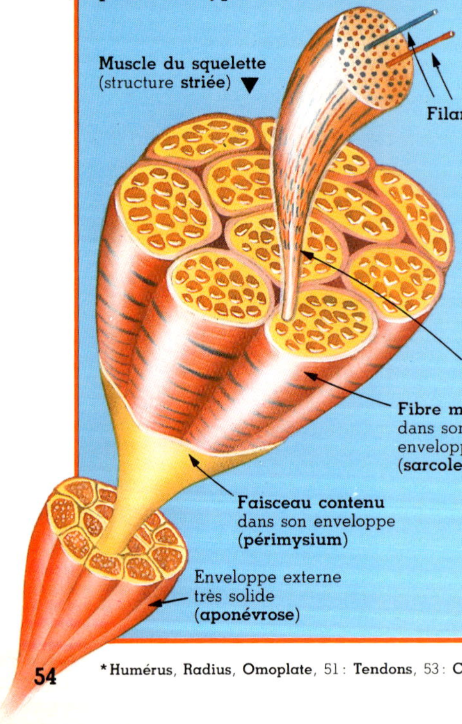

nombreuses **myofibrilles** qui se contractent lorsque le muscle est stimulé par un nerf. Les **myofibrilles** elles-mêmes disposées parallèlement, sont formées de filaments soit d'**actine** (filaments fins) soit de **myosine** (filaments épais). Quand la fibre se contracte, ces filaments glissent les uns sur les autres.

***Humérus**, **Radius**, **Omoplate**, 51 : **Tendons**, 53 : **Cubitus**, 51.

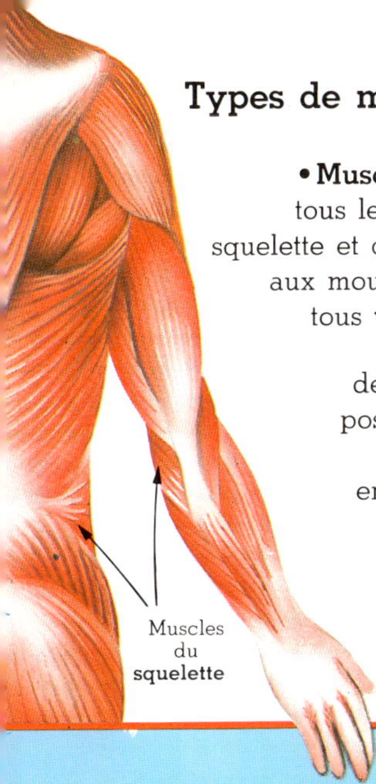

Types de muscles

• **Muscles du squelette**. Ce sont tous les muscles reliés aux os du squelette et qui participent directement aux mouvements du corps. Ils sont tous **volontaires** et sont faits de **tissu strié**. Certains sont désignés en fonction de leur position, de leur forme ou de leur taille, d'autres le sont en fonction des mouvements qu'ils provoquent (**fléchisseurs**, **extenseurs**, etc.).

• **Muscle cardiaque**. C'est le tissu musculaire qui constitue essentiellement les parois du cœur. C'est un **muscle involontaire** mais strié.

• **Muscles des viscères**. Ce sont les muscles de nombreux organes internes (intestins, vaisseaux sanguins par ex.). Ils sont **involontaires** et constitués de **tissu musculaire lisse**.

• **Muscle cardiaque**. Muscle strié particulier, constituant le cœur. Ses contractions rythmées sont commandées par des zones nerveuses autonomes situées dans le muscle même. Des influx nerveux extérieurs au muscle peuvent seulement accélérer ou ralentir le rythme cardiaque.

• **Muscles lisses**. Ce sont les **muscles des viscères**. Ils sont constitués de cellules fuselées beaucoup plus courtes que celles du **muscle strié**. Leur mode de fonctionnement n'est pas encore très bien élucidé mais ils contiennent de l'**actine** et de la **myosine**, tout comme le muscle strié. Ils sont également stimulés par des nerfs.

Stimulation nerveuse

La plupart des muscles sont stimulés par les impulsions nerveuses qui parcourent le corps. Pour plus de détails, voyez page 80 et 81.

• **Plaque motrice**. Point où les terminaisons nerveuses d'une fibre nerveuse, l'**axone**, rencontrent les **fibres musculaires**. L'axone est le très long prolongement de la cellule nerveuse, le **neurone**. Cet axone transmet l'influx nerveux qui fait se contracter les fibres musculaires. Entre terminaison nerveuse et fibre musculaire, un médiateur chimique assure la transmission de la stimulation.

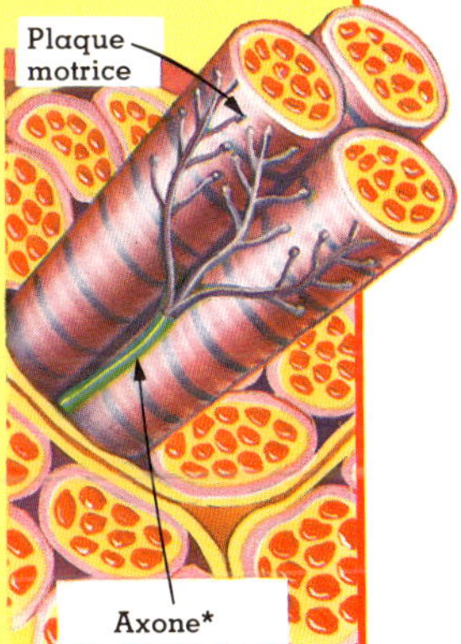

• **Fuseau musculaire**. Groupe de **fibres musculaires** d'où partent les ramifications d'une fibre nerveuse (**dendron***) d'une cellule sensorielle*. Lorsqu'un muscle s'étire, ces cellules sensorielles envoient l'information au cerveau, lui indiquant le nouvel état de tension. Le cerveau peut alors analyser la situation pour préparer une réaction appropriée.

*Axone, 76 ; Dendron, 76 ; Nerfs moteurs, nerfs sensoriels, 77.

Les dents

Les dents préparent la digestion de la nourriture en coupant et broyant les aliments. Chaque dent est implantée dans la mâchoire, recouverte par la **gencive**. Durant sa vie, l'être humain a deux séries de dents ou **dentition** : l'une temporaire, constituée de 20 dents dites « **de lait** », et la seconde, permanente, constituée de 32 dents qui sont, elles, définitives.

Structure des dents

- **Couronne**. Partie visible de la dent, recouverte d'**émail**. C'est la partie de la dent la plus exposée aux agressions.
- **Racine**. Partie cachée, fixée dans une alvéole de la mâchoire. Les **incisives** et les **canines** n'ont qu'une seule racine, les **prémolaires** en ont deux et les **molaires**, deux ou trois. Chaque racine est solidement maintenue en place par des fibres constituant le **ligament* alvéolo-dentaire**. Ces fibres s'attachent à l'os de la mâchoire à un bout et au **cément** à l'autre et jouent le rôle d'amortisseurs.

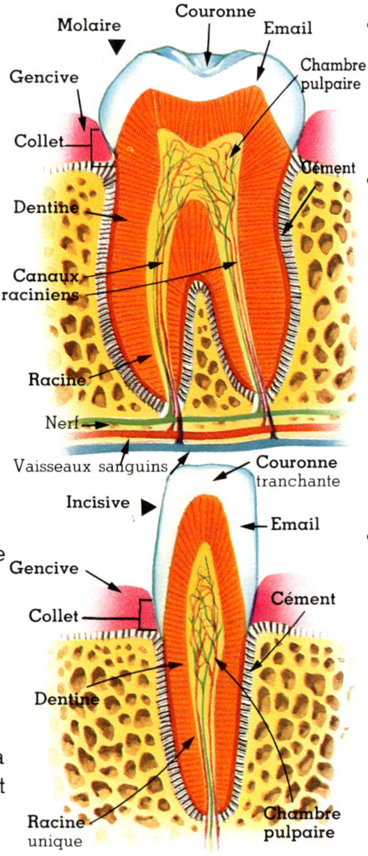

- **Collet**. Partie de la dent se trouvant noyée dans la gencive et séparant la **couronne** de la racine.
- **Email**. Substance proche de l'os mais beaucoup plus dure (la plus dure de tout le corps humain) et dépourvue de cellules vivantes. L'émail est constitué de cristaux très serrés d'**apatite**, un composé de calcium, de phosphore et de fluorine.
- **Cément**. Substance ressemblant également à l'os mais plus tendre que l'**émail**. Le cément forme la surface mince et externe de la racine et est attaché à la mâchoire par le **ligament alvéolo-dentaire** (voir racine).
- **Dentine** ou **ivoire**. C'est une substance jaune qui forme la couche intérieure de la dent. Comme l'**émail**, la dentine a beaucoup de points communs avec les os, mais elle est plus tendre. Elle contient du **collagène*** et des prolongements cytoplasmiques* des cellules de la **chambre pulpaire**.
- **Chambre pulpaire**. Partie centrale de la dent entourée par la **dentine**. Elle est remplie d'un tissu tendre appelé **pulpe** qui contient les vaisseaux sanguins et les terminaisons nerveuses qui pénètrent dans la chambre pulpaire par le **canal racinien**. Le sang apporte nourriture et oxygène aux tissus vivants et les terminaisons nerveuses sont des récepteurs sensibles à la douleur.

***Collagène**, **Tissu conjonctif**, 52 ; **Cytoplasme**, 10 : **Ligaments**, 52.

Denture permanente ▶

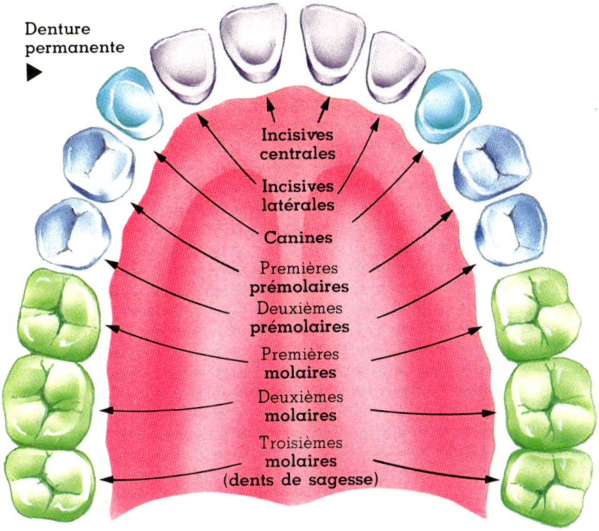

- **Incisives** (remplacent 8 incisives « de lait »)
- **Canines** (remplacent 4 canines « de lait »)
- **Prémolaires** (remplacent 8 molaires « de lait »)
- **Molaires** (sortent derrière les prémolaires et ne remplacent aucune dent de lait)

Types de dents

- **Incisives**. Tranchantes, elles servent à saisir et couper. Chacune d'elles n'a qu'une racine. Il y en a quatre par mâchoire, situées sur le devant de la bouche.
- **Canines**. En forme de cône pointu (**cuspide**) elles servent à déchirer les aliments. Elles aussi n'ont qu'une **racine**. Il y en a deux par mâchoire, une de part et d'autre des **incisives**. Chez les animaux carnassiers, elles sont longues et recourbées.
- **Prémolaires**. Massives et renflées, elles servent à écraser et broyer. On les trouve uniquement dans la denture permanente. Il y en a quatre par mâchoire, deux à la suite de chaque **canine**. Chacune a deux crêtes (**cuspides**) bien marquées et une seule **racine**, sauf les premières prémolaires supérieures qui en ont deux.
- **Molaires**. Massives et renflées comme les **prémolaires** mais de plus grandes dimensions, elles broient et triturent également les aliments. Chacune présente quatre **cuspides**. Les molaires inférieures ont deux **racines** et les supérieures en ont trois. Dans la denture permanente, on en compte six par mâchoire, trois derrière chaque paire de **prémolaires**. La troisième molaire est appelée « **dent de sagesse** ».
- **Dents de sagesse**. Ce sont les quatre **molaires** les plus en arrière sur les mâchoires. Elles sont les dernières à apparaître, à l'âge adulte — d'où leur nom. Il leur arrive souvent de ne pas avoir assez de place pour sortir et de rester coincées (**enclavées**) dans la mâchoire. Chez certaines personnes, peu nombreuses, elles ne se développent pas du tout.

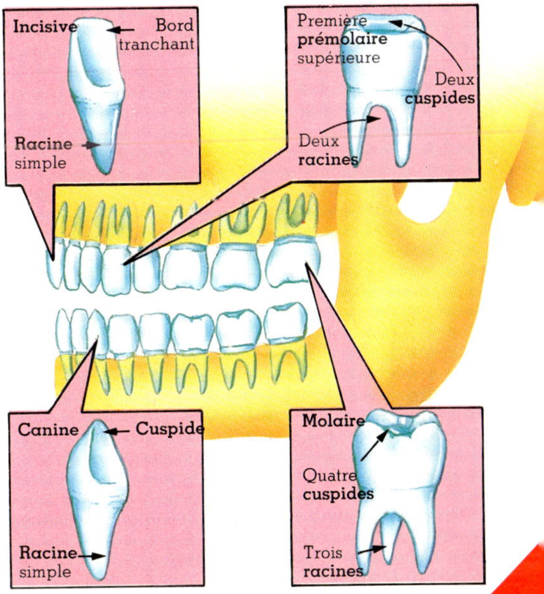

Le sang

Le sang est un des fluides vitaux du corps. Il est formé de **plasma**, de **plaquettes**, de **globules blancs** et de **globules rouges**. Un adulte a environ 5,5 l de sang dans son **système circulatoire*** — un réseau de canalisations appelées **vaisseaux sanguins**. Le sang véhicule la chaleur dans tout le corps et de nombreuses substances dissoutes dans son plasma. Ses cellules dégradées ou mortes sont remplacées en permanence par de nouvelles grâce à l'**hématopoïèse**.

Constituants du sang

• **Plasma**. C'est le liquide clair (90 % d'eau) qui contient les globules. Il véhicule la nourriture dissoute pour les cellules du corps, les déchets et le dioxyde de carbone qu'elles rejettent, les **anticorps** qui combattent les infections ainsi que les **enzymes*** et les **hormones*** qui commandent les fonctions organiques.

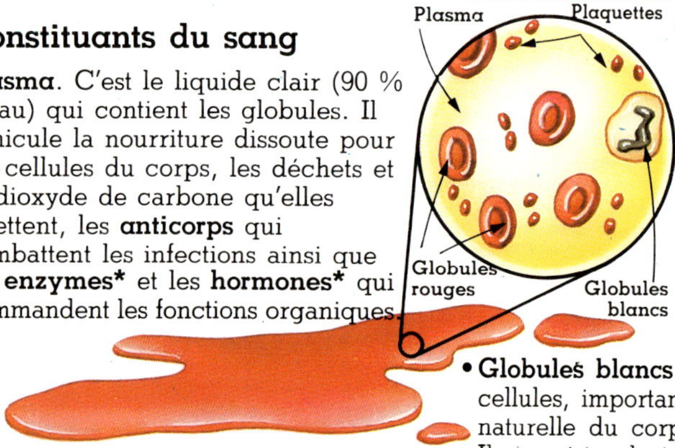

• **Plaquettes** ou **thrombocytes**. Très petits corpuscules ronds sans **noyau***, fabriqués dans la **moelle osseuse***. Ils se rassemblent spontanément dans les zones endommagées (blessures) où leur rôle est particulièrement important dans la **coagulation** du sang.

• **Globules blancs** ou **leucocytes**. Grosses cellules, importantes dans la défense naturelle du corps contre les agressions. Il en existe plusieurs types : les **lymphocytes**, produits dans le **tissu lymphoïde*** et que l'on trouve dans la lymphe (ils fabriquent les **anticorps**) ; les **monocytes** produits dans la **moelle osseuse*** (ceux-là sont chargés de digérer les corps étrangers — bactéries, etc. — grâce à la **phagocytose***). Certains (les **macrophages**), franchissent les parois des vaisseaux et se déplacent dans le corps (**macrophages nomades**) ou restent à demeure dans un organe particulier (**macrophages sédentaires**) comme un ganglion lymphatique.

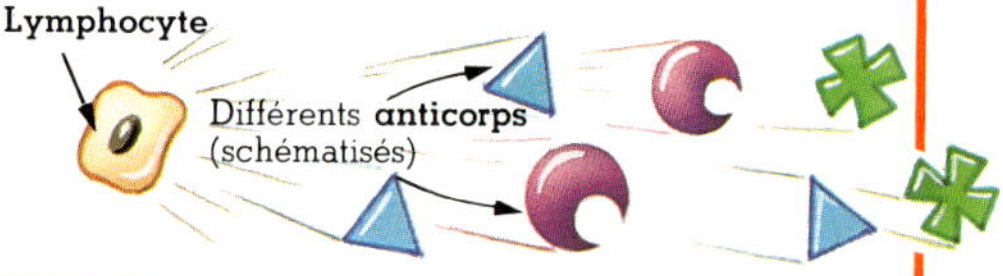

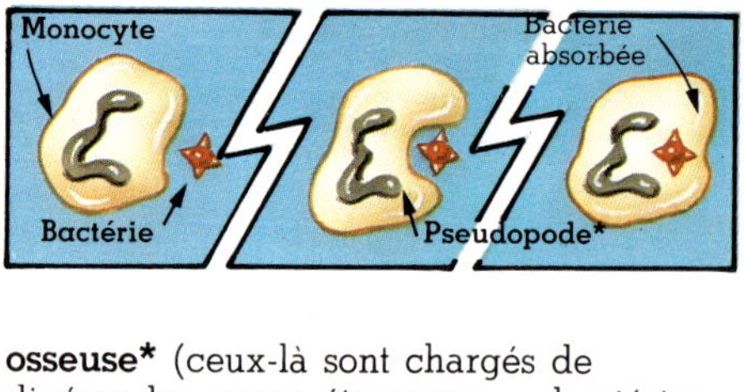

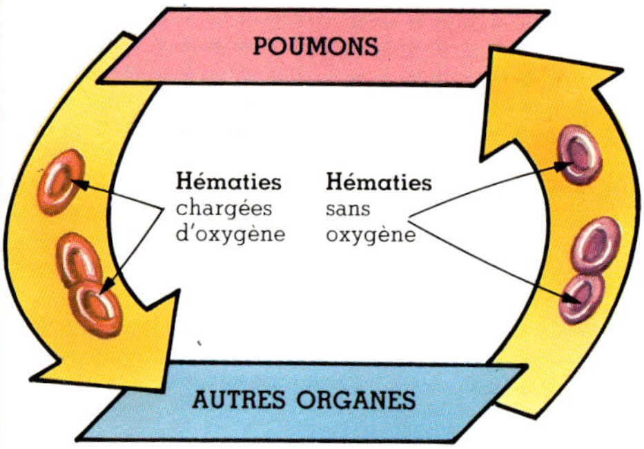

• **Globules rouges** ou **érythrocytes** ou **hématies**. Ce sont des cellules rondes et plates, sans **noyau***, fabriqués dans la **moelle osseuse*** et contenant de l'**hémoglobine** (un élément ferreux qui donne au sang une couleur rouge sombre) qui, combinée à l'oxygène dans les poumons, donne l'**oxyhémoglobine**. Le sang est alors rouge vif. Les globules rouges cèdent leur oxygène aux tissus (par **diffusion***) puis retournent, rouges foncés, aux poumons reprendre de l'oxygène.

***Moelle osseuse**, 53 ; **Système circulatoire**, 60 : **Diffusion**, 99 ; **Enzymes**, 103 ; **Hormones**, 106 ; **Tissu lymphoïde**, 65 ; **Noyau**, 10 ; **Phagocytose**, **pseudopode**, 40.

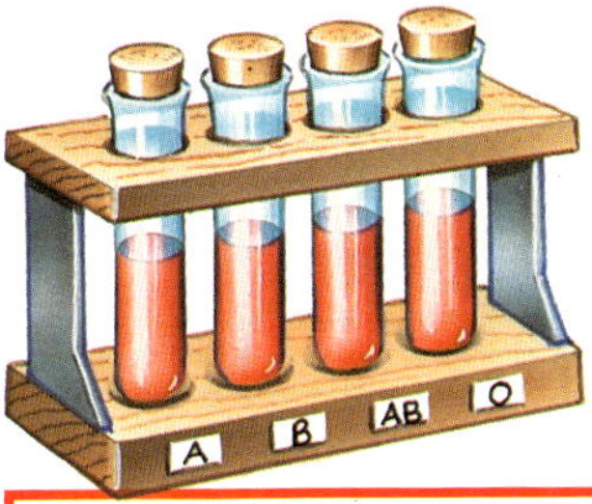

• **Groupes sanguins**. Première méthode de classification des différents types de sang. Le groupe A abrite l'antigène A dans ses hématies, le groupe B l'antigène B, le groupe AB les deux et le groupe O n'en a aucun.

• **Facteur rhésus**. Deuxième méthode de classification du sang. Si le sang contient l'**antigène rhésus**, il est dit **rhésus positif** (Rh +). Dans le cas contraire, il est **rhésus négatif** (Rh –).

Défenses

• **Anticorps**. Protéines indispensables à la défense de l'organisme, présents dans le **plasma** et d'autres liquides du corps. Ils sont produits par les **lymphocytes** (voir **leucocytes**) dès que des **antigènes** se présentent. Il existe un anticorps particulier pour chaque antigène et ils agissent de différentes manières suivant les cas : les **antitoxines** neutralisent les toxines (cf. **antigènes**) ; chaque anticorps se fixe sur une molécule de toxine, créant un complexe antigène-anticorps ; l'**agglutinine** colle ensemble bactéries ou virus et leurs antigènes ou encore la **lysine** détruit la bactérie en dissolvant sa membrane externe.

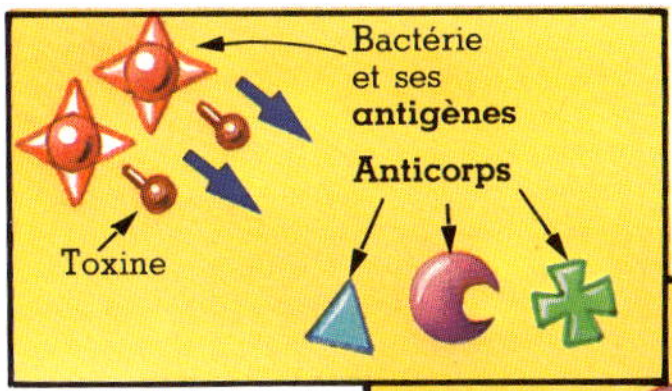

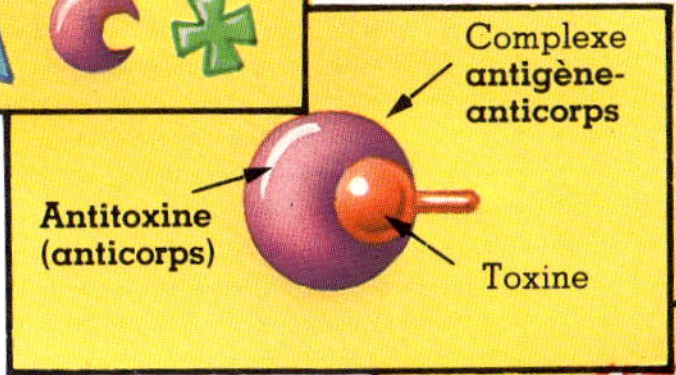

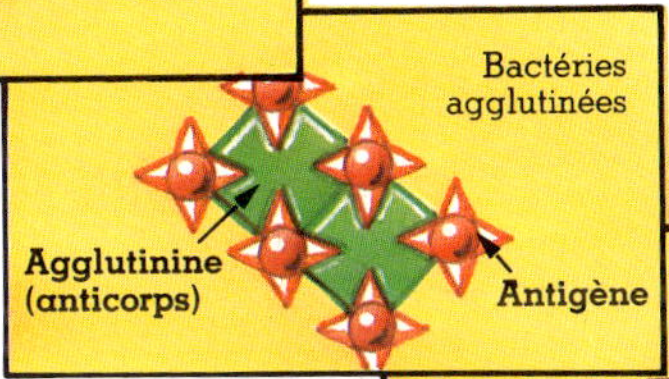

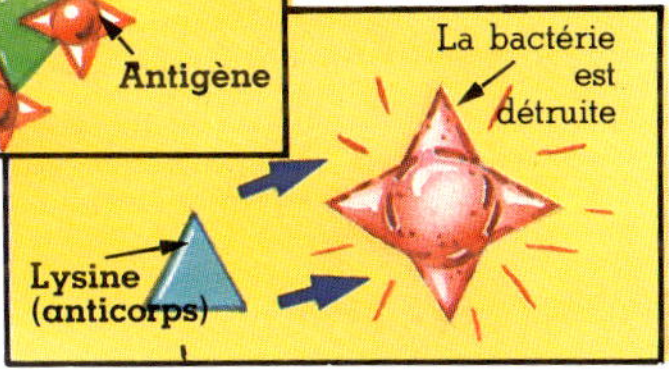

• **Antigènes**. Substances principalement protéiniques qui provoquent la production par l'organisme des **anticorps** qui combattront toute infection. Les antigènes peuvent être des toxines sécrétées par des bactéries ou des virus, ou encore être partie intégrante de ces derniers. Certains antigènes sont présents dans le corps dès la naissance, comme ceux qui déterminent les **groupes sanguins** par ex.

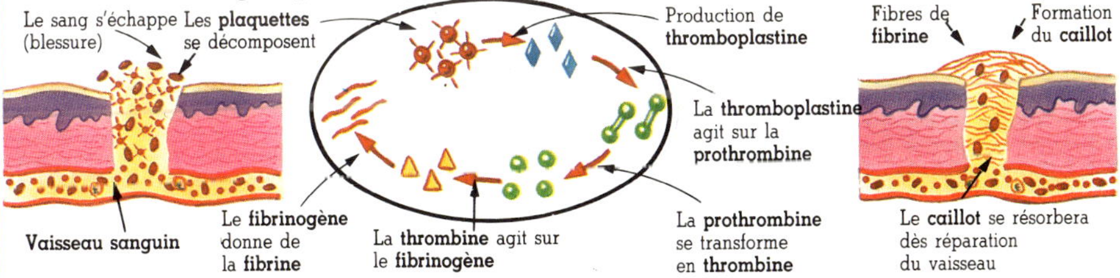

• **Coagulation**. Transformation du sang liquide en masse gélatineuse (**caillot**). Les plaquettes et les cellules endommagées sécrètent la **thromboplastine** qui transforme la **prothrombine** (protéine du **plasma**) en thrombine (**enzyme***). Cet enzyme transforme le **fibrinogène** (autre protéine du plasma) en **fibrine** dont le réseau complexe donne son aspect gélatineux au caillot.

• **Sérum.** Résidu liquide jaunâtre après **coagulation** contenant une grande quantité des **anticorps** ayant combattu l'infection. Inoculé, le sérum peut immuniser temporairement un receveur étranger.

* **Enzymes**, 103.

Le système circulatoire

Le **système circulatoire** ou vasculaire est un réseau de canalisations contenant le sang. Ces **vaisseaux sanguins** sont de trois types : les **artères**, les **veines** et les **capillaires**. Une fine couche de cellules — l'**endothélium** — tapisse la paroi interne des artères et des veines et constitue la seule paroi des capillaires. Le mouvement du sang dans le corps est organisé par la pompe cardiaque, par les muscles des parois artérielles et veineuses et par une constante diminution de la pression dans tout le système, les liquides se déplaçant des zones de forte pression vers celles de faible pression.

Circulation des principales substances dans le **système sanguin**

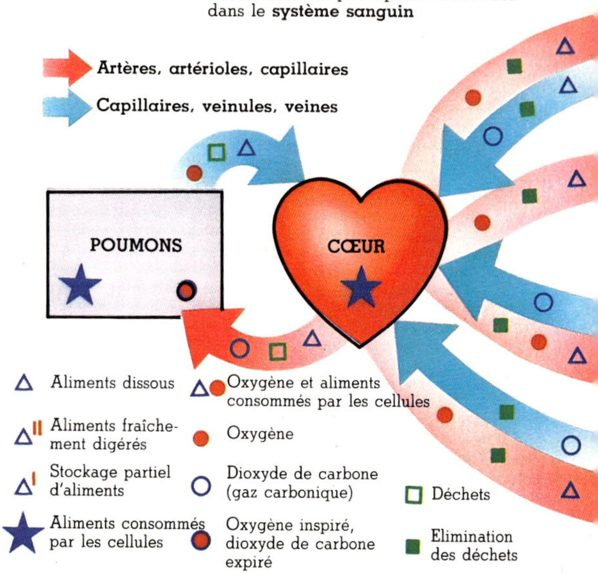

• **Artères**. Larges vaisseaux sanguins aux parois épaisses, constituant le **système artériel** et transportant le sang du cœur vers le reste du corps. Les artères se ramifient en **artérioles** plus petites et celles-ci en très fins **capillaires**. Dans les artères, sauf les **artères pulmonaires***, leang contient de l'oxygène, ce qui le rend rouge vif. Le sang artériel transporte la nourriture de toutes les cellules et les déchets qui seront éliminés par les reins. Les **artères pulmonaires**, elles, conduisent le sang vers les poumons.

• **Veines**. Larges vaisseaux aux parois épaisses, formant le **système veineux** ramenant le sang au cœur. Des valvules équipent les parois intérieures des veines, empêchant la gravité de laisser le sang refluer. Les veines sont formées de **veinules** confluentes, elles-mêmes formées de **capillaires**. Le sang des veines, sauf dans les **veines pulmonaires***, contient du dioxyde de carbone et des déchets recueillis dans les cellules par les capillaires. Le sang des veines provenant du système digestif et du foie transporte également des aliments sous forme dissoute et les apporte aux artères à travers le cœur.

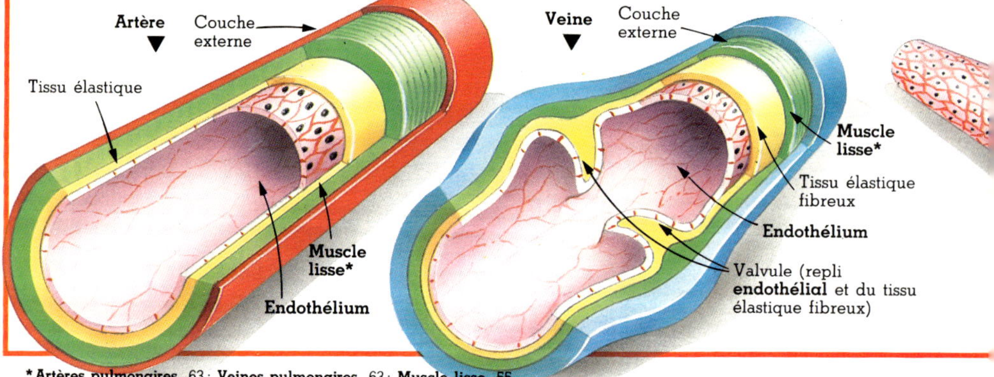

* Artères pulmonaires, 63 ; Veines pulmonaires, 63 : Muscle lisse, 55.

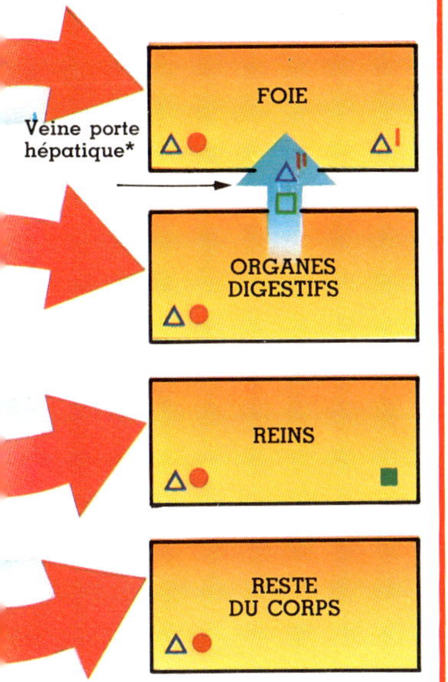

Principales artères et veines

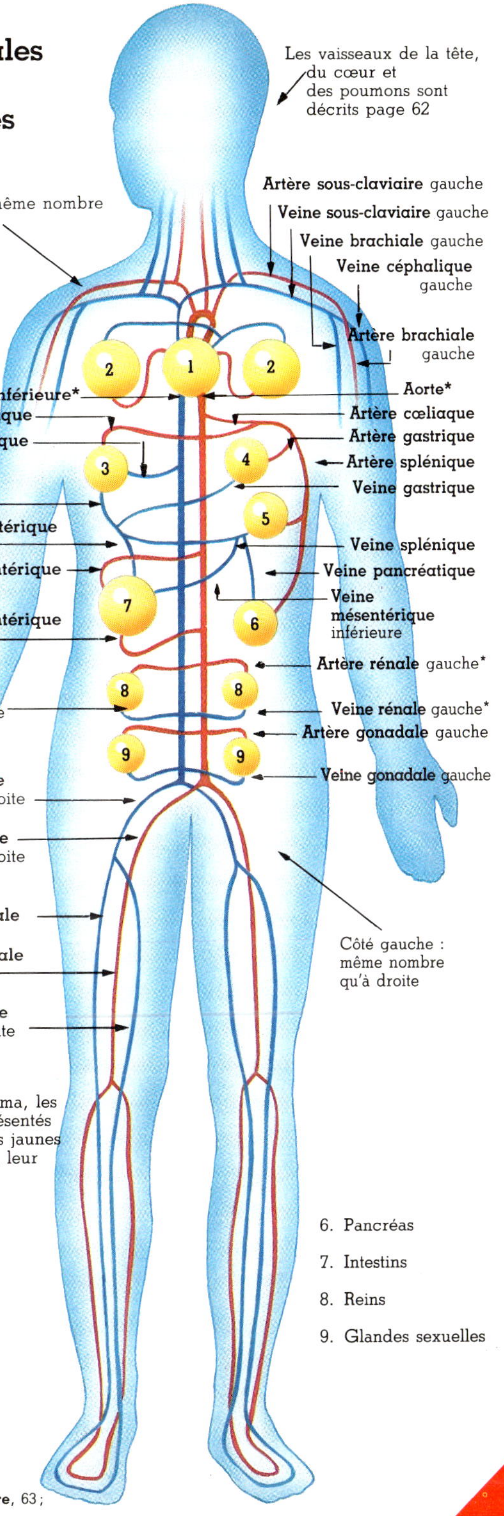

Dans ce schéma, les organes représentés par des ronds jaunes ne sont pas à leur place exacte

1. Cœur
2. Poumons
3. Foie
4. Estomac
5. Rate
6. Pancréas
7. Intestins
8. Reins
9. Glandes sexuelles

• **Capillaires**. Vaisseaux étroits aux parois minces, émanant des **artérioles** pour former un réseau extrêmement complexe. L'oxygène et la nourriture traversent leurs parois par osmose pour rejoindre les cellules du reste du corps tandis que l'oxyde de carbone et les déchets prennent le chemin inverse (voir page 64). Les capillaires du système digestif et du foie se chargent également de la collecte des aliments. Les capillaires se rassemblent de nouveau pour former des **veinules** qui donneront les veines.

◀ Capillaire

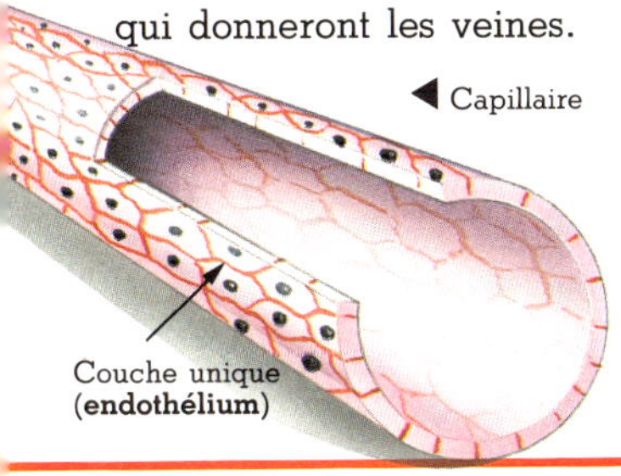

***Aorte**, 63 ; **Veine porte hépatique**, 68 ; **Veine cave inférieure**, 63 ; **Artères rénales**, **Veines rénales**, 72.

Le cœur

Le **cœur** est un muscle qui pompe le sang dans tout l'organisme par l'intermédiaire des vaisseaux ou **système cardiovasculaire**. Il est enveloppé dans le **sac péricardique** composé d'une membrane externe, le **péricarde**, et de la **cavité péricardique** qui contient un peu de liquide « amortisseur », le **liquide péricardique**. Le cœur proprement dit est composé de 4 cavités — 2 **oreillettes** qui communiquent avec 2 **ventricules** par 2 **valvules**. Ces cavités sont tapissées d'un fin tissu, l'**endocarde**.

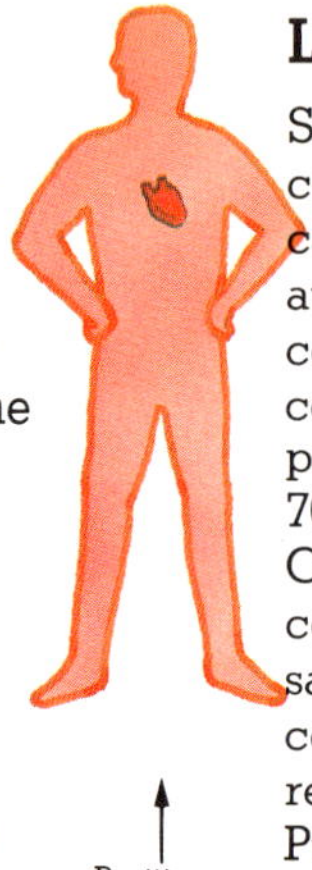

Position du **cœur**

Le cycle cardiaque

Succession des différentes contractions du muscle cardiaque destinées à faire avancer le sang. Ces contractions perçues comme des battements, se produisent au rythme de 70 environ par minute. Chaque oreillette se contracte et chasse le sang dans le ventricule correspondant qui se relâche pour le recevoir. Puis les oreillettes se relâchent à leur tour... ▶

Les cavités cardiaques

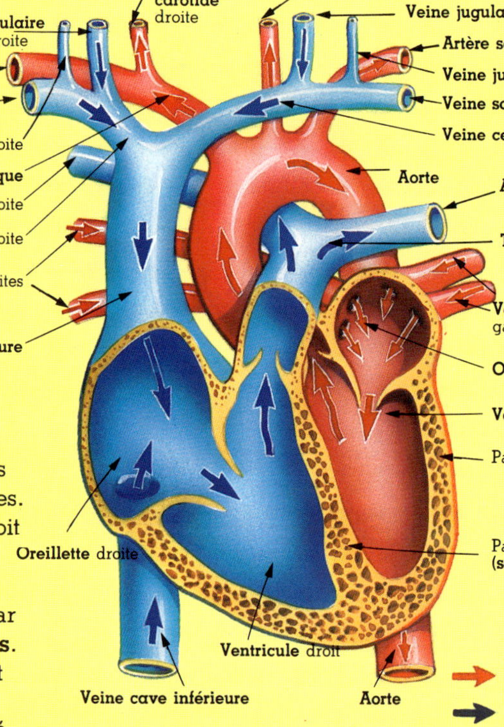

• **Oreillettes**. Ce sont les deux cavités supérieures. L'oreillette gauche reçoit le **sang oxygéné** (cf. **hémoglobine***) venant des poumons par les **veines pulmonaires**. L'oreillette droite reçoit le sang débarrassé de son oxygène consommé dans le reste du corps et chargé de dioxyde de carbone, par les **veines caves** supérieure et inférieure.

• **Ventricules**. Ce sont les deux cavités inférieures. Le **ventricule** gauche reçoit le sang de l'**oreillette** gauche et le propulse dans l'aorte. Le ventricule droit reçoit le sang de l'oreillette droite et l'envoie aux poumons par les artères pulmonaires droite et gauche (**tronc pulmonaire**).

***Hémoglobine**, 58.

Cycle cardiaque

... en même temps que les ventricules se contractent et chassent le sang dans les artères. Chaque **systole** (phase de contraction) des ventricules est suivie d'une courte **diastole** (phase de repos) des 4 cavités. Les **valves** sont décrites dans le cadre en bas à droite.

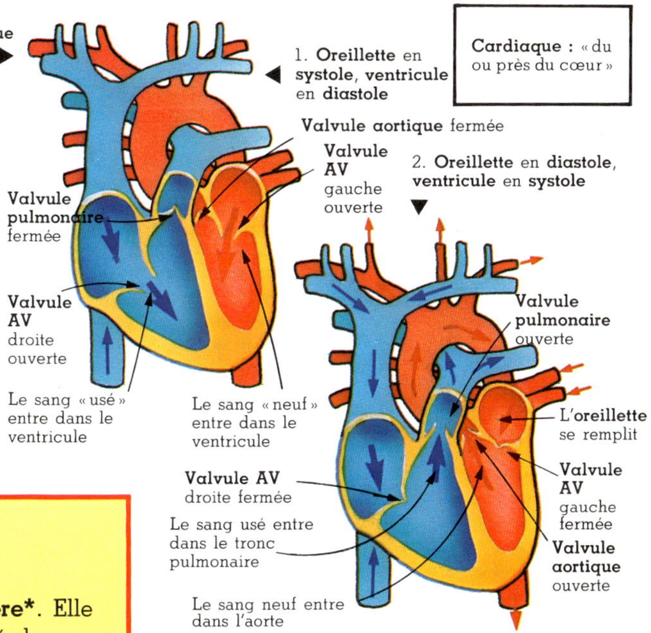

Cardiaque : « du ou près du cœur »

Principales artères et veines

- **Aorte**. La plus grosse **artère***. Elle transporte le sang oxygéné du **ventricule** gauche vers la périphérie.
- **Tronc pulmonaire**. **Artère*** qui transporte le sang à oxygéner du **ventricule** droit vers chaque poumon par les **artères pulmonaires** droite et gauche.
- **Veine cave supérieure**. Une des deux **veines*** principales. Confluent de toutes les veines de la partie supérieure du corps, elle transporte le sang à régénérer vers l'**oreillette** droite.
- **Veine cave inférieure**. Deuxième **veine*** principale, amenant le sang à régénérer des veines de la partie inférieure du corps vers l'**oreillette** droite.
- **Veines pulmonaires. Quatre veines*** qui transportent le sang oxygéné vers l'**oreillette** gauche. Deux veines pulmonaires viennent de chaque poumon.

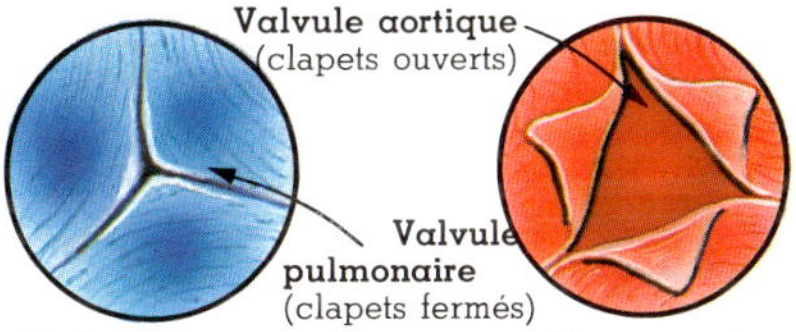

- **Valvules semilunaires**. Deux valves à clapets en forme de croissant. L'une est la **valvule aortique** située entre le **ventricule** gauche et l'**aorte**. L'autre est la **valvule pulmonaire** entre le ventricule droit et le **tronc pulmonaire**.

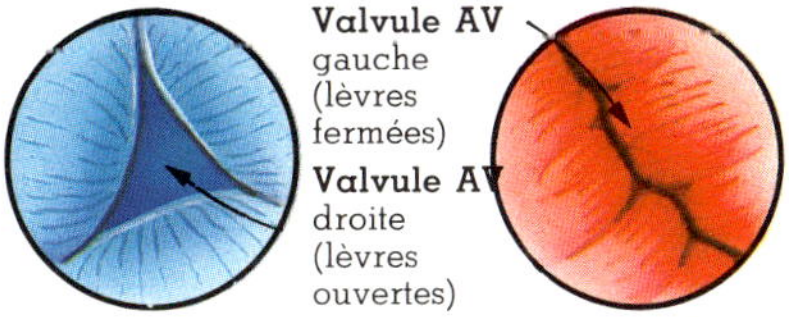

- **Valvules auriculo-ventriculaires** (abrév. AV). Deux valves, chacune entre une **oreillette** et son **ventricule** associé. La valvule gauche ou **mitrale** est une **valvule bicuspide** (à deux lèvres). Celle de droite est **tricuspide**, c'est-à-dire à trois lèvres.

* Artères, Veines, 60.

La lymphe et le système lymphatique

Les vaisseaux **capillaires*** sont les plus proches des cellules, mais ils n'entrent cependant pas en contact direct avec elles. Aliments et oxygène qu'ils véhiculent parviennent aux cellules par le biais de la lymphe, liquide occupant l'espace intercellulaire, qui fait le lien entre le **système circulatoire*** et le système de drainage que constitue le **système lymphatique**.

Mouvement des substances dans la **lymphe**

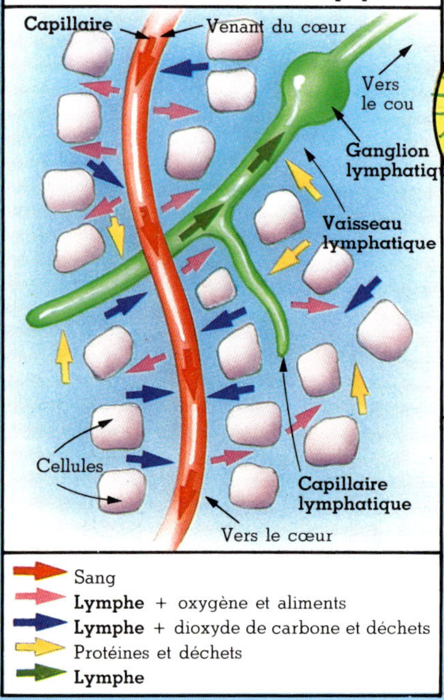

Le système lymphatique

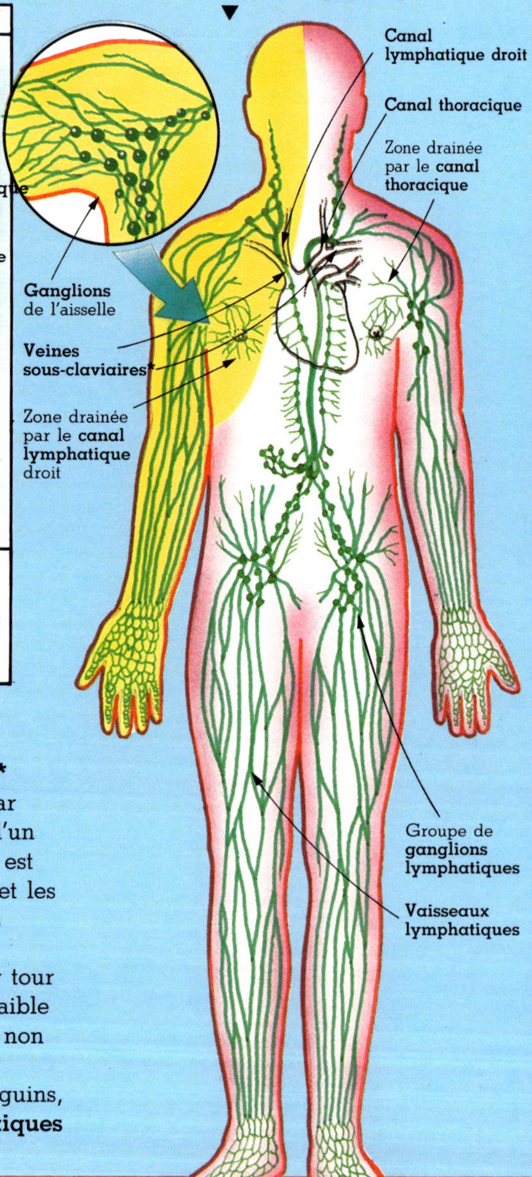

• **Lymphe**. Liquide qui baigne les cellules. Il filtre hors des **capillaires*** (là où la pression est encore forte) par osmose et est principalement formé d'un **plasma*** dont la teneur en protéines est faible. La lymphe apporte l'oxygène et les aliments aux cellules et en draine les déchets et le gaz carbonique. Ces dernières substances pénètrent à leur tour dans les capillaires aux endroits de faible pression. Les molécules de protéines non utilisées par les cellules et trop volumineuses pour les capillaires sanguins, passent dans les **capillaires lymphatiques** dont les parois sont plus perméables.

***Capillaires**, 61 ; **Système circulatoire**, 60 ; **Plasma**, 58 ; **Veines sous-claviaires**, 61.

• **Système lymphatique**. Ensemble de vaisseaux et de ganglions, se chargeant du recyclage des liquides corporels (par les capillaires puis les veines*) et de la lutte contre certaines maladies grâce à des cellules spécialisées qui sont formées dans les **ganglions lymphatiques**).

• **Vaisseaux lymphatiques**. Ce sont des vaisseaux en cul-de-sac qui transportent la **lymphe** de toutes les régions du corps vers la région du cou, où la lymphe repasse dans le sang. Ils sont tapissés d'**endothélium*** et équipés de valvules qui empêchent le reflux de la lymphe. Les plus fins sont les capillaires qui se jettent dans des canaux plus importants qui s'unissent enfin pour donner deux gros vaisseaux : le **canal lymphatique droit** et le **canal thoracique** (qui se jettent respectivement dans les **veines sous-claviaires*** droite et gauche). Les protéines digérées et les particules de graisse absorbées par l'intestin et trop grosses pour passer dans le système sanguin passent dans des capillaires lymphatiques, les **capillaires chylifères**.

• **Lymphe**. Liquide qui contient des **lymphocytes***, des protéines (**hormones*** et **enzymes***) et également des molécules de graisses (cf. **vaisseaux lymphatiques**).

Organes lymphatiques

Ils sont reliés au **système lymphatique** et faits du même type de tissu, le **tissu lymphatique**, et produisent tous des **lymphocytes***, globules blancs de lutte contre l'infection.

• **Ganglions**. Petites masses arrondies réparties le long des **vaisseaux lymphatiques**, souvent groupées — sous les aisselles, par exemple. Ils sont les lieux principaux de production des **lymphocytes** et jouent le rôle de filtre contre les bactéries et autres corps étrangers qui sont détruits par les globules blancs* (**macrophages sédentaires**).

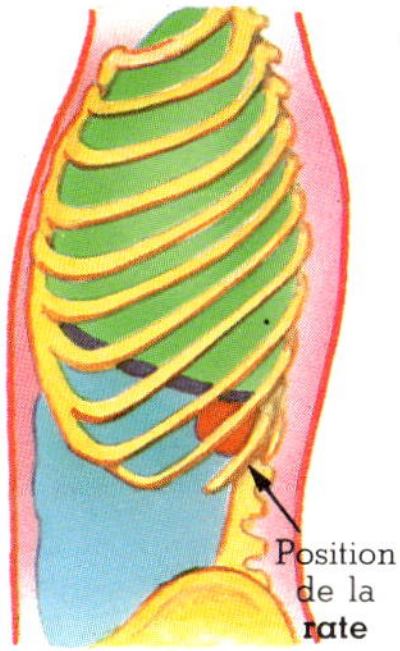

• **Rate**. Organe lymphatique le plus volumineux situé sous le côté gauche du **diaphragme***. Elle contient une réserve de globules rouges et de globules blancs.

• **Amygdales**. Quatre groupes de follicules lymphoïdes : l'**amygdale pharyngienne** (les **végétations adénoïdes**) à l'arrière du nez, les **amygdales linguales** à la base de la langue et deux **amygdales palatines** au fond de la bouche.

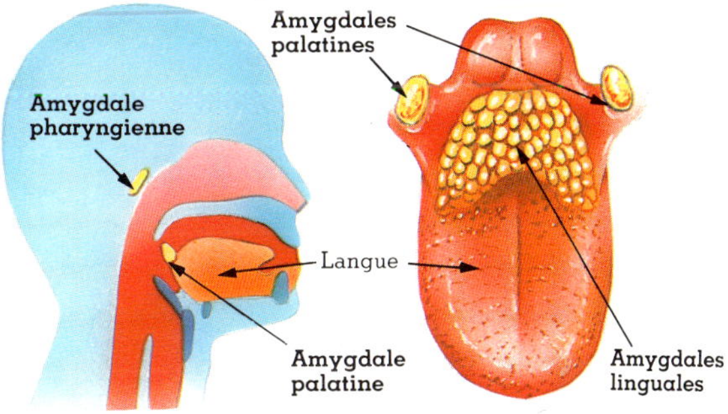

• **Thymus**. Organe lymphatique situé dans la partie supérieure de la poitrine. Plus grand chez l'enfant que chez l'adulte, il atteint sa taille maximale à la **puberté*** puis s'atrophie progressivement.

*Diaphragme, 70 ; Endothélium, 60 ; Enzymes, 103 ; Globules blancs, 58 ; Hormones, 106 ; Lymphocytes, 58 ; Puberté, 90 ; Veines sous-claviaires, 61 ; Veines, 60.

Le système digestif

La nourriture ingérée parcourt le **système digestif** pour y être progressivement décomposée en divers éléments absorbables. C'est la **digestion** (voir pages 108-109). Les aliments digérés traversent la **muqueuse** de l'intestin et passent dans les capillaires sanguins nombreux dans cet organe. Le sang les distribue ensuite aux cellules (pour les processus de digestion, de production d'énergie et de synthèse, voir les pages 100 à 104). Le foie et le pancréas ont aussi un rôle très important dans l'utilisation des aliments : ils produisent de nombreux sucs digestifs*.

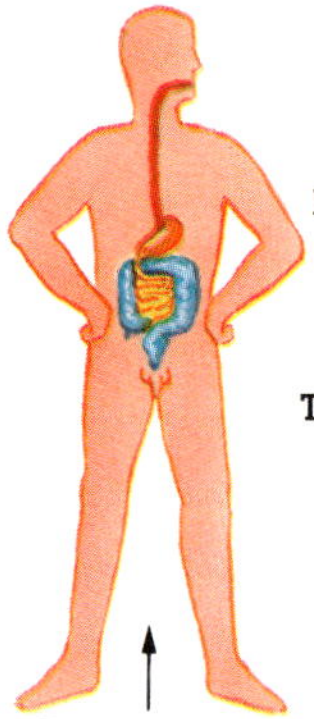

Position du **système digestif**

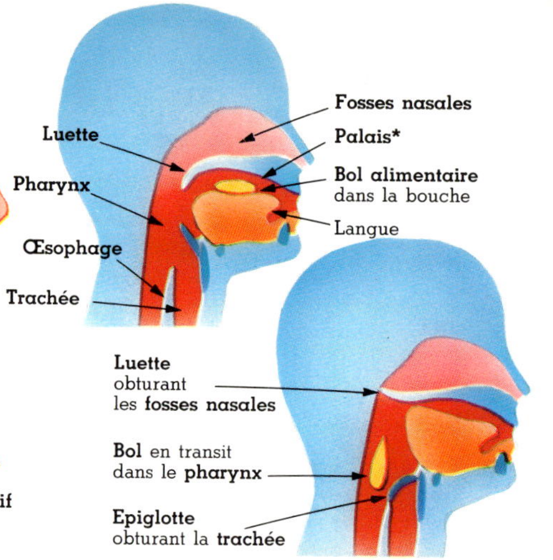

• **Œsophage**. Tube qui conduit la nourriture, aussi appelée **bol alimentaire**, de la bouche à l'**estomac**.

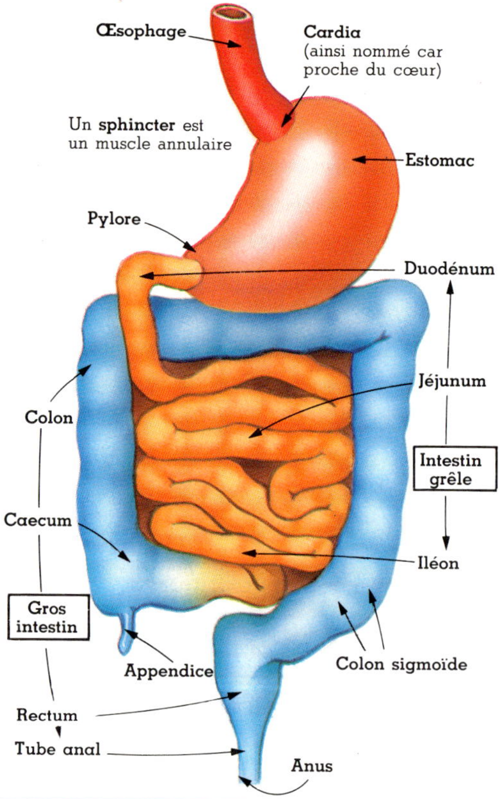

• **Tube digestif**. C'est un long tube formé de parties différentes qui part de la bouche pour se terminer à l'anus. La partie la plus longue est logée dans la **cavité périviscérale*** de l'**abdomen**. Il y est maintenu en place par un repli du **péritoine**, le mésentère.

• **Pharynx**. Cavité à l'arrière de la bouche où communiquent les **fosses nasales*** et la **cavité buccale**. Quand il y a ingestion de nourriture, la **luette** (languette de tissu souple du fond de la bouche qui prolonge le palais*) obture les fosses nasales, et l'**épiglotte*** obture la **trachée***.

*Sucs digestifs, 68; Epiglotte, 70; Palais, 79; Fosses nasales, 79; Cavité périviscérale, 37; Trachée, 70.

• **Cardia. Sphincter œsophago-gastrique.** Sphincter musculaire à l'extrémité de l'**œsophage** qui s'ouvre pour laisser entrer la nourriture dans l'**estomac.**

• **Estomac**. Poche volumineuse dans laquelle s'effectue le premier stade de la digestion. Sa paroi interne présente de nombreux replis qui lui permettent d'augmenter sa surface intérieure. Quelques substances, comme l'eau par ex., peuvent passer directement dans les vaisseaux sanguins de la paroi de l'estomac mais les aliments semi-digérés (le **chyme**) doivent arriver dans le **duodénum**, première partie de l'**intestin grêle**.

• **Intestin grêle**. Lieu principal de la digestion. C'est un long tube replié sur lui-même qui comprend trois parties : le **duodénum**, le **jéjunum** et l'**iléon**. Sa paroi interne est tapissée de multitudes de petites excroissances ou **villosités**. Chacune de ces villosités est parcourue de **capillaires*** sanguins qui absorbent la majeure partie de la nourriture, et d'un **vaisseau lymphatique*** appelé chylifère qui absorbe les **graisses** (voir page 100). Les aliments qui ne sont pas absorbés passent dans le **gros intestin**.

• **Gros intestin**. Tube de diamètre important recevant les déchets de l'**intestin grêle**. Il est constitué du **caecum***, du **colon**, du **rectum** et de l'**anus**. Le colon héberge des bactéries (flore microbienne) qui se chargent de récupérer les dernières bribes de nourriture présente et qui fabriquent des vitamines essentielles. La paroi du colon absorbe de l'eau et concentre ainsi les résidus alimentaires en une matière semi-solide appelée **fèces** ou matières fécales qui sont expulsées hors du corps par la **défécation**, via le rectum et le tube anal. L'**anus** est formé d'un muscle annulaire, le **sphincter anal**.

• **Appendice**. Petite excroissance en cul-de-sac émanant du **caecum**. C'est le vestige d'un organe dont nos lointains ancêtres avaient, semble-t-il, besoin mais qui s'est atrophié depuis.

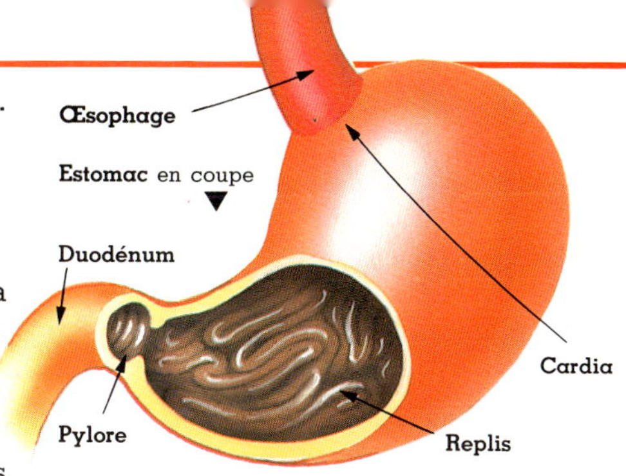

• **Pylore**. Anneau musculaire marquant le passage entre l'**estomac** et l'**intestin grêle**. Il s'ouvre pour laisser passer la nourriture dans l'intestin, seulement après que celle-là ait subi une transformation digestive appropriée.

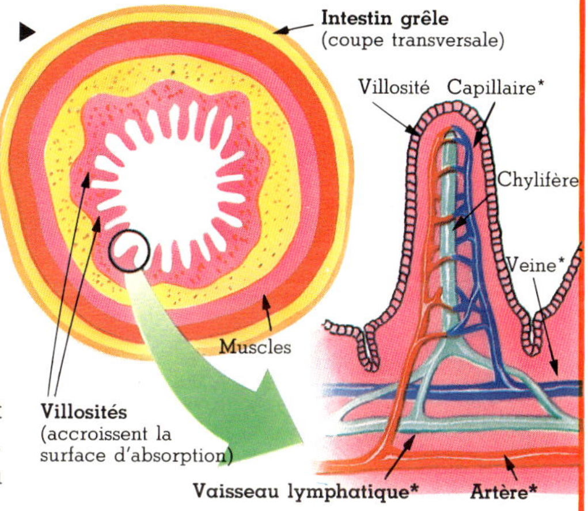

• **Muqueuse**. Fine couche de cellules, appelée **épithélium** et tapissant tout le tube digestif (mais aussi d'autres organes qui sont des lieux de passage de l'air ou de l'urine). Ces cellules **épithéliales*** sont des **glandes exocrines*** unicellulaires. Elles sécrètent du **mucus** qui est un lubrifiant, facilitant le passage de la nourriture et protégeant les couches cellulaires sous-jacentes de l'action corrosive des **sucs digestifs***.

• **Péristaltisme**. Ensemble des contractions des muscles lisses du tube digestif qui en font avancer le contenu.

* **Artères**, 60 ; **Caecum**, 43 ; **Capillaires**, 61 ; **Sucs digestifs**, 68 ; **Epithélium**, 82 ; **Glandes exocrines**, 68 ; **Vaisseaux lymphatiques**, 65 ; **Veines**, 60.

Les glandes

Ce sont des organes particuliers (parfois simplement des groupes de cellules ou des cellules isolées) qui produisent et sécrètent un grand nombre de substances indispensables à la vie. Les deux grands types de glandes sont les **exocrines** et les **endocrines**.

Les glandes exocrines

Ce sont celles qui excrètent leurs substances par des **canaux** vers des surfaces ou des cavités. De nombreuses glandes du corps sont exocrines (ex. : **glandes sudoripares***, **glandes digestives**).

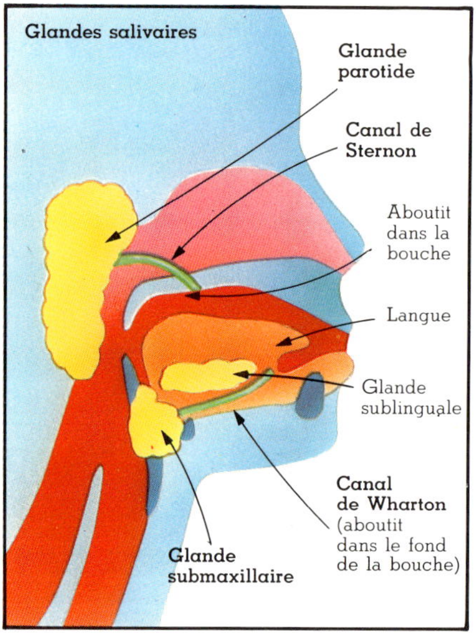

• **Glandes digestives**. Glandes qui secrètent les **sucs digestifs** dans les organes de la digestion. Les sucs contiennent des **enzymes*** qui participent à l'assimilation de la nourriture (voir tableau pages 108-109). La plupart sont minuscules et situées dans les parois de ces organes digestifs (ex. : **glandes gastriques** et **intestinales de Lieberkühn** de l'intestin grêle). D'autres sont plus volumineuses (ex. : les **glandes salivaires**) ou très grosses : le **pancréas** et le **foie**.

• **Pancréas**. Glande qui est à la fois **exocrine**, **digestive** et **endocrine**. Elle produit le **suc pancréatique** (voir tableau pages 108-109) qui est déversé dans l'intestin par le **canal pancréatique** (ou **canal de Wirsung**). Le pancréas contient des groupes de cellules, les **îlots de Langherans** qui constituent la partie endocrine de la glande et produisent l'**insuline*** et le **glucagon*** qui sont des **hormones***.

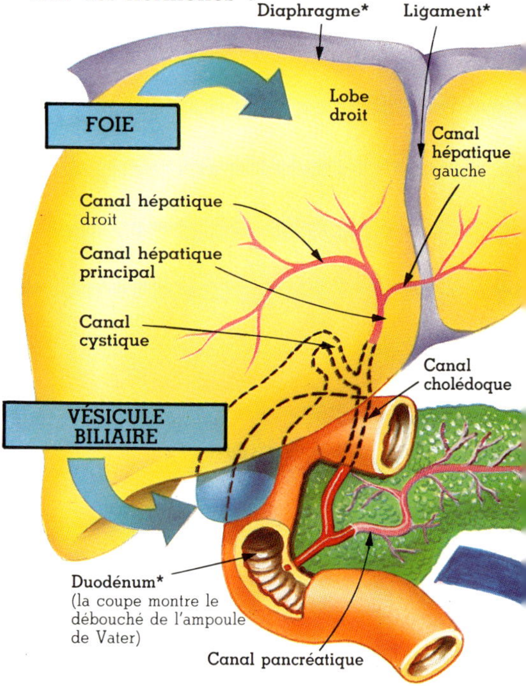

• **Foie**. La plus grosse des glandes. L'un de ses nombreux rôles est celui de sécréter la bile, utile à la digestion (voir tableau pages 108-109) par le **canal cholédoque**. Un autre rôle vital est la transformation et le stockage d'aliments récemment digérés (voir diagramme, page 101) qu'il reçoit par la **veine-porte hépatique** (voir schéma, page 61). Il contrôle également le taux de sucre dans le sang, détruit les globules rouges usés, stocke les vitamines et le fer et fabrique d'importantes protéines du sang.

*Diaphragme, 70 ; Duodénum, 67 ; Enzymes, 103 ; Glucagon, Hormones, Insuline, 106 ; Ligaments, 52 ; Glandes sudoripares, 83.

• **Vésicule biliaire**. Elle stocke sous une forme concentrée, la **bile** produite par le **foie**, jusqu'à ce que de la nourriture apparaisse dans le **duodénum***. Sa paroi interne est formée de nombreux replis. Quand le moment est propice, la bile est expulsée par le **canal cystique** puis le **canal cholédoque**.

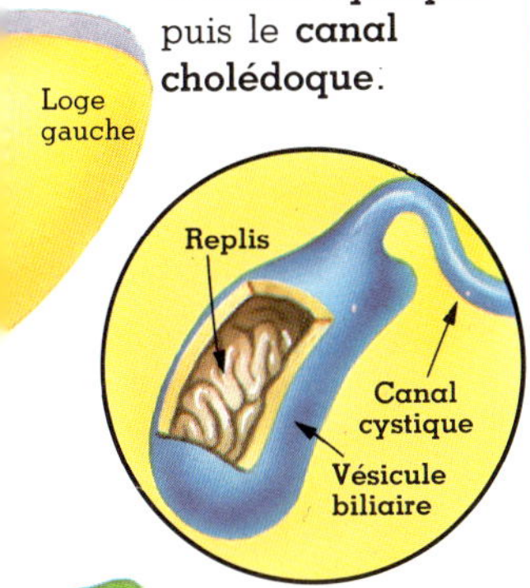

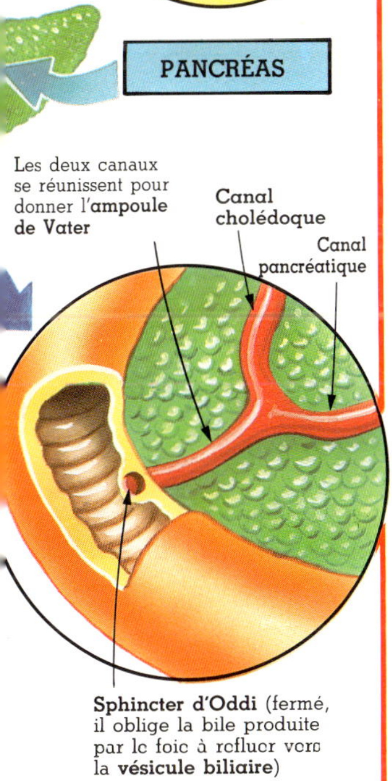

Les glandes endocrines

Elles sont dépourvues de canaux excréteurs et sécrètent leurs produits, les hormones, directement dans le sang via les capillaires qui parcourent la glande. Pour mieux connaître les différentes hormones, reportez-vous pages 106 et 107. Les glandes peuvent être soit des organes indivudalisés (voir ci-dessous) soit des groupements de cellules spécialisées dans certains organes (ex. : organes sexuels ou pancréas).

• **Hypophyse**. Aussi appelée **glande pituitaire**, elle se situe à la base du cerveau et directement sous la dépendance de l'**hypothalamus*** (voir **hormones**, page 106). Elle est constituée d'un lobe antérieur (**adénohypophyse**) et d'un lobe postérieur (**neuro-hypophyse**). La plupart des hormones qu'elle sécrète, stimulent la production d'hormones pour d'autres glandes. Elle produit entre autres les hormones suivantes : **ACTH**, **TSH**, **STH**, **FSH**, **LH**, **la prolactine**, **l'ocytocine** et l'**ADH**.

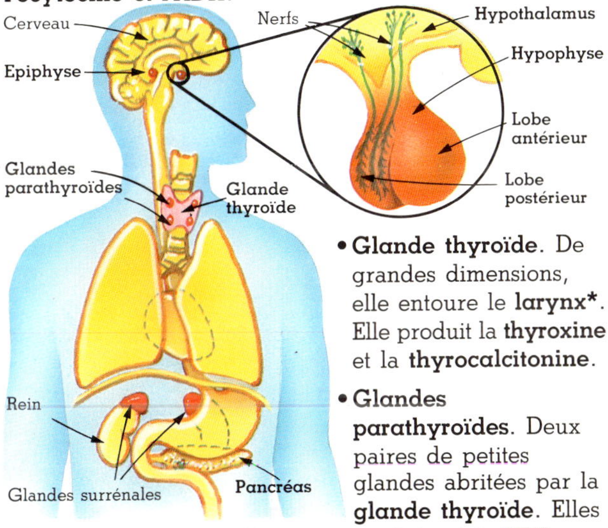

• **Glande thyroïde**. De grandes dimensions, elle entoure le **larynx***. Elle produit la **thyroxine** et la **thyrocalcitonine**.

• **Glandes parathyroïdes**. Deux paires de petites glandes abritées par la **glande thyroïde**. Elles produisent la **PTH**.

• **Glande pinéale**. Petite glande du cerveau. Son rôle n'est pas encore bien connu. Elle secrète de la **mélatonine**, dont on croit savoir qu'elle influence la production des **hormones sexuelles***.

• **Glandes surrénales**. Deux glandes résidant chacune sur un rein. Chacune possède une couche externe, le **cortex**, qui produit l'**aldostérone**, la **cortisone** et l'**hydrocortisone** et une couche interne, la **moelle**, qui produit l'**adrénaline** et la **noradrénaline**.

***Duodénum**, 67 ; **Hypothalamus**, 75 ; **Larynx**, 70 : **Hormones sexuelles**, 106.

Le système respiratoire

Position du **système respiratoire** ▶

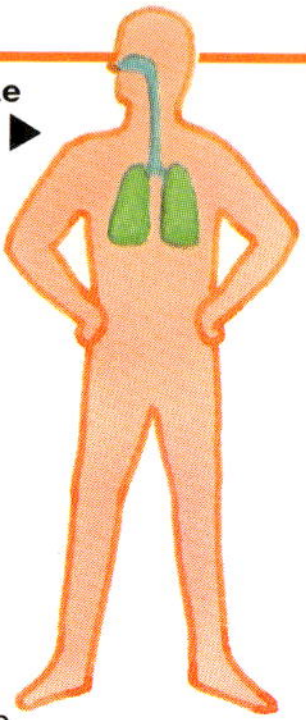

Le terme de **respiration** regroupe trois processus distincts : la respiration **pulmonaire** (inspiration d'oxygène, expiration de dioxyde de carbone), la respiration **sanguine** (échange de ces gaz entre les poumons et le sang — voir globules rouges, page 58) et la respiration **cellulaire** (assimilation des aliments, utilisation de l'oxygène et rejet du dioxyde de carbone par les cellules — voir pages 104 et 105). Ci-dessous : les principaux éléments du **système respiratoire** humain.

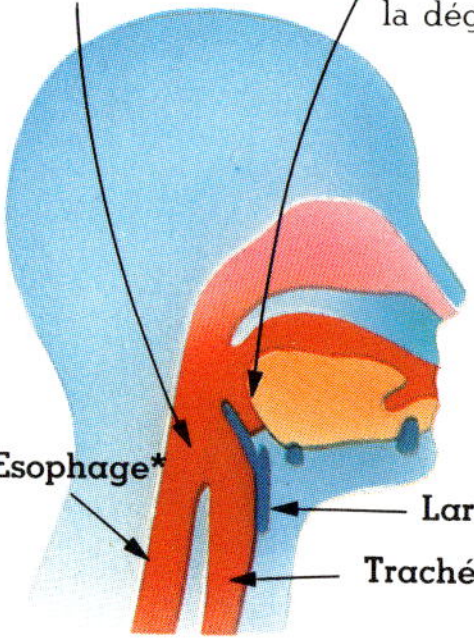

• **Poumons**. Les deux principaux organes de la respiration pulmonaire, au sein desquels se font les échanges de gaz. Ils sont formés de nombreuses canalisations (**bronches** et **bronchioles**) et de minuscules cavités (les **alvéoles**).

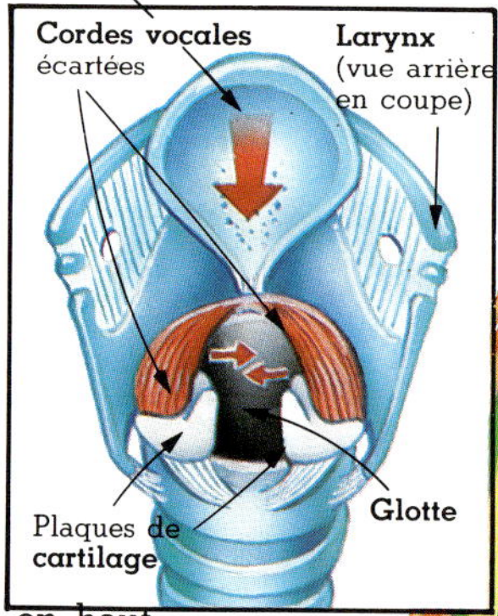

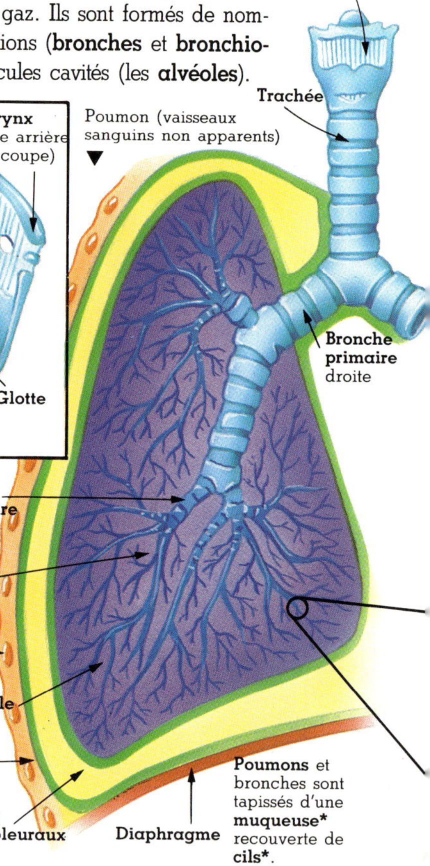

• **Trachée**. Voie de passage principale de l'air vers et hors des poumons.

• **Larynx**. Organe de la voix, en haut de la **trachée**. Il abrite les **cordes vocales**, deux replis internes de la trachée reliés à des plaques de **cartilage***. L'ouverture entre les cordes vocales est appelé la **glotte**. Les muscles tendent simultanément les deux plaques et donc les cordes, et l'air passant entre les cordes les fait vibrer, produisant ainsi les sons.

• **Plèvre**. Couches de tissu cellulaire entourant chaque **poumon** (plèvre **viscérale**), d'une part, et tapissant la cavité pulmonaire ou **thorax** (plèvre **pariétale**), d'autre part.

• L'espace entre les plèvres pariétale et viscérale s'appelle la **cavité pleurale** et contient le **liquide pleural**. L'ensemble constitue une sorte de coussin ou **sac pleural**.

• **Diaphragme**. Lame de tissu musculaire qui sépare le thorax de la partie inférieure du corps ou **abdomen**. Au repos, il se tient en forme de coupole, maintenu en place par la paroi abdominale.

*Cartilage, 53 ; **Cils vibratiles**, 40 ; **Muqueuse**, 67 ; **Œsophage**, **Pharynx**, 66.

• **Bronches**. Tubes principaux nés de la division de la **trachée**. Ce sont tout d'abord les **bronches primaires** droite et gauche. Chacune apporte l'air à un **poumon** en y entrant par un **hile**. Elles sont chacune longées par une **artère pulmonaire*** qui apporte le sang au poumon. Elles se divisent ensuite en **bronches secondaires**, **tertiaires** puis en **bronchioles**, toujours accompagnées par des vaisseaux sanguins provenant d'une subdivision de l'artère pulmonaire et se rejoignant pour former les **veines pulmonaires*** (sortie du sang des poumons).

• **Bronchioles**. Millions de minuscules tuyaux issus des **bronches tertiaires**, chacun donnant lui-même des terminaisons bronchiales qui aboutissent à un sac à air constitué d'**alvéoles**.

• **Alvéoles**. Multitude des petits sacs à air formant les extrémités des **terminaisons bronchiales**. Elles sont enveloppées d'un réseau serré de **capillaires*** dont le sang est chargé de dioxyde de carbone. Ce gaz traverse les parois des capillaires et des alvéoles pour être expiré. L'oxygène inspiré dans les alvéoles passe à son tour dans les capillaires qui se rassemblent pour donner finalement les **veines pulmonaires***.

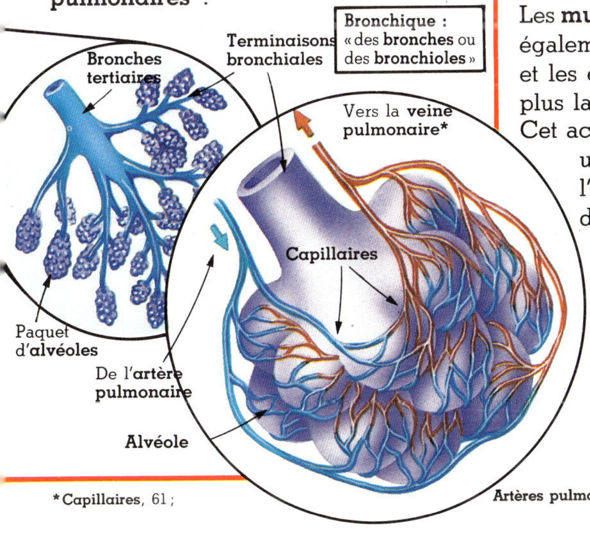

La respiration

• La **respiration** est composée de l'**inspiration** (admission de l'air) et de l'**expiration** (expulsion de l'air). Ces deux activités sont habituellement réflexes (automatiques) et sont régulées par le **centre nerveux respiratoire** du cerveau. Elles se produisent dès que ce centre nerveux détecte un taux trop important de dioxyde de carbone dans le sang.

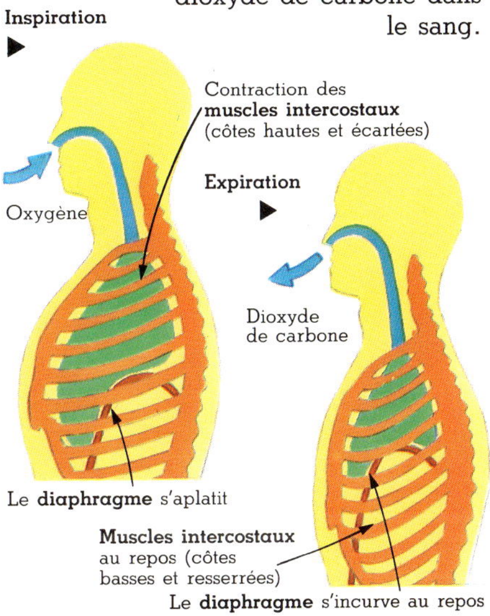

• **Inspiration**. C'est le fait d'admettre de l'air dans les poumons. Le **diaphragme** se contracte et s'aplatit, augmentant ainsi le volume de la cage thoracique. Les **muscles intercostaux** se contractent également, tirant les côtes vers le haut et les écartant, augmentant encore plus la capacité de la cage thoracique. Cet accroissement du volume provoque une diminution de la pression de l'air pulmonaire et donc un appel d'air de l'extérieur.

• **Expiration**. C'est le fait de rejeter l'air des poumons. Le **diaphragme** et les **muscles intercostaux** se détendent et l'air est expulsé des **poumons** devenus trop étroits.

*Capillaires, 61 ; **Artères pulmonaires**, 63 ; **Veines pulmonaires**, 63.

Le système urinaire

C'est le système principal de l'**excrétion**, c'est-à-dire de l'élimination des substances indésirables. Ses différents éléments sont décrits ci-dessous et page opposée. Les poumons et la peau se chargent également d'une partie de l'excrétion (respectivement du dioxyde de carbone et de la sueur).

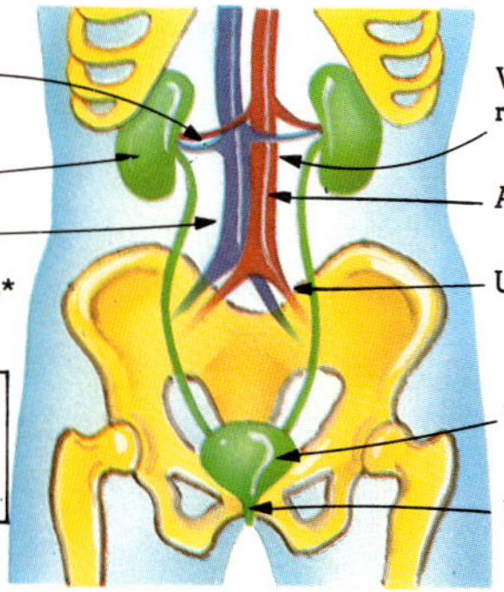

Rénal signifie « des **reins** »

- **Reins**. Deux organes situés dans le dos, juste sous les côtes. Ce sont les principaux organes de l'excrétion. Ils filtrent dans le sang les substances à rejeter et régulent la quantité et la composition des liquides corporels (voir **homéostasie**, page 105). Le sang entre dans le rein par l'**artère rénale** et en ressort par la **veine rénale**.
- **Uretères**. Les deux canaux conduisant l'**urine** des reins à la **vessie**.

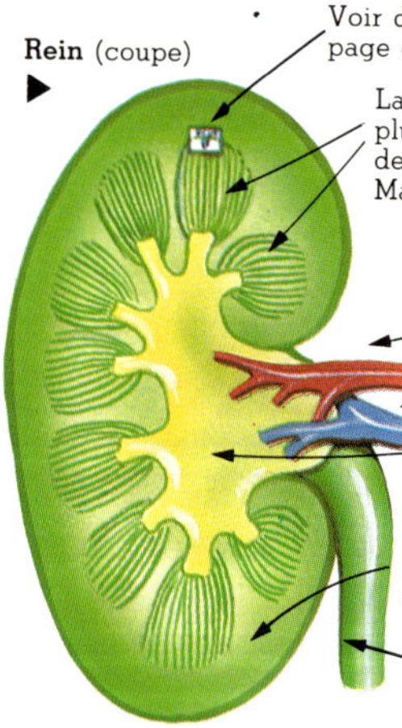

L'intérieur d'un rein

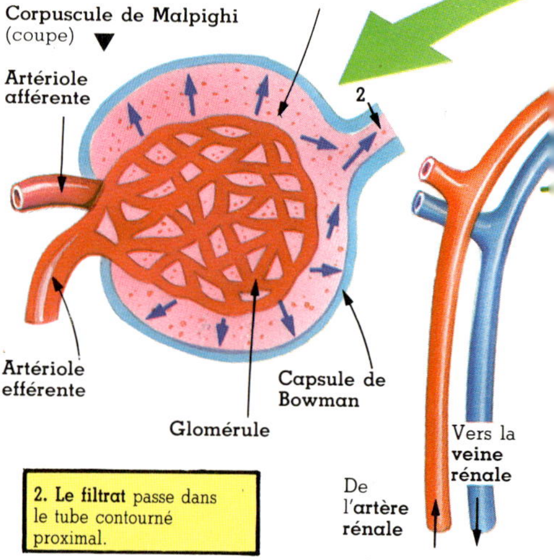

- **Néphrons**. Ce sont les unités élémentaires de filtration du **rein** (environ 1 millions par rein). Ils sont formés d'un **corpuscule rénal** et d'un **tubule urinifère**.
- **Corpuscules de Malpighi**. Eléments filtrants le sang. Chacun est constitué d'un **glomérule** et d'une **capsule de Bowman**.

- **Vessie**. Poche qui recueille l'**urine**. Sa ▶ paroi est composée à vide de nombreux replis qui lui permettent de se dilater en s'emplissant. Deux muscles, les **sphincters urinaires interne et externe**, commandent l'ouverture de la vessie vers l'**urètre**. Quand l'urine atteint un certain volume, le sphincter interne reçoit une stimulation d'ouverture tandis que le sphincter externe qui est lui sous contrôle conscient (sauf chez le jeune enfant) peut être maintenu fermé plus longtemps.

*Acides aminés, 100 ; Aorte, Veine cave inférieure, 63.

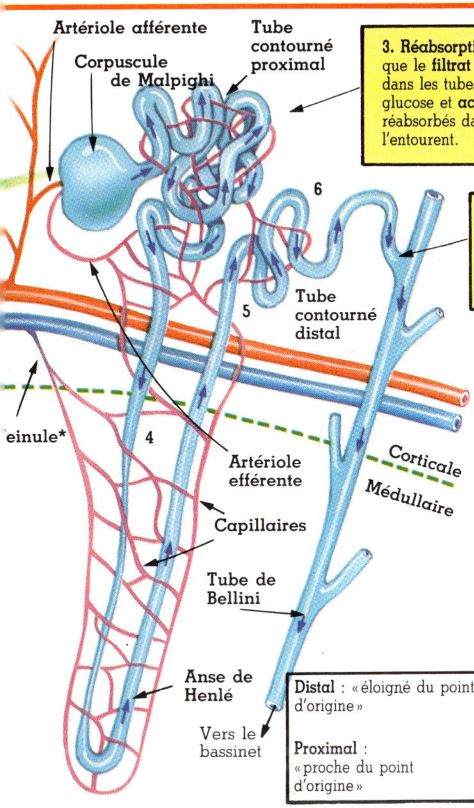

3. Réabsorption tubulaire. Pendant que le **filtrat glomérulaire** passe dans les tubes urinifères, vitamines, glucose et **acides-aminés*** sont réabsorbés dans les **capillaires** qui l'entourent.

4. Certains sels minéraux sont réabsorbés. L'hormone* appelée **aldostérone*** commande une réabsorption plus importante si nécessaire.

7. L'**urine** produite passe dans le **tube de Bellini**

5. De l'eau est également récupérée sous le contrôle de l'**hormone* ADH***.

6. Secrétion tubulaire. Des substances comme l'ammoniaque et certains médicaments passent du sang dans les tubes urinifères.

Distal : « éloigné du point d'origine »

Proximal : « proche du point d'origine »

- **Glomérules**. Pelotes de **capillaires*** au centre de chaque **corpuscule de Malpighi**. Les capillaires naissent d'une **artériole* afférente** entrant dans le corpuscule et se rassemblent de nouveau pour former une **artériole efférente** sortant du corpuscule.

- **Capsule de Bowman**. Paroi externe de chaque corpuscule formant un sac qui enveloppe chaque glomérule.

- **Tubes urinifères**. Longs canaux prolongeant les capsules de Bowman. Chacun est formé de trois parties principales : le **tube contourné proximal**, l'**anse de Henlé** et le **tube contourné distal**. Ils sont enserrés dans de nombreux **capillaires*** qui sont des branches de l'**artériole efférente**, et qui se réunissent pour former un vaisseau plus large qui transporte le sang hors du **rein** (veine rénale).

- **Tube de Bellini**. Canal collecteur de l'**urine** depuis les **tubes urinifères** jusqu'au **bassinet** du rein.

▶

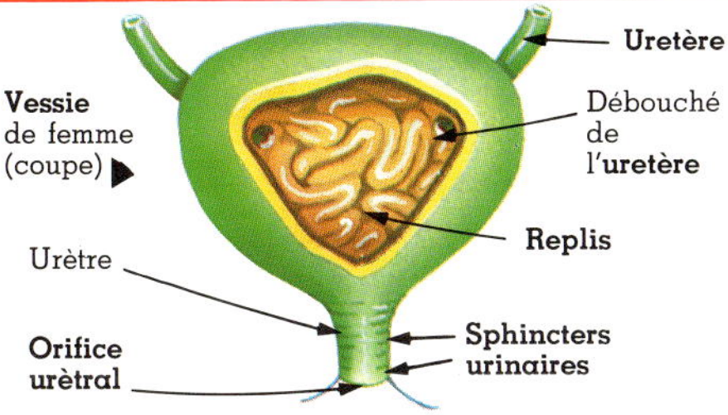

- **Urètre**. Canal conduisant l'**urine** de la **vessie** jusqu'à l'extérieur du corps (chez l'homme, l'urètre est également le passage du **sperme*** — voir page 88). L'expulsion de l'urine est appelée la **miction**.

- **Urée**. Déchet **azoté** provenant de la décomposition par le foie des **acides aminés***. Elle est apportée par le sang, en même temps que d'autres substances telles que la créatinine.

- **Urine**. Le liquide qui sort des **reins**. Ses principaux constituants sont l'**urée**, l'eau et des sels minéraux.

***ADH**, **Aldostérone**, 106 ; **Acides aminés**, 100 ; **Artériole**, 60 ; **Capillaires**, 61 ; **Hormones**, 106 ; **Sperme**, 93 ; **Veinule**, 60.

Le système nerveux central

C'est le centre de contrôle de tout le corps. Il est formé du **cerveau** et de la **moelle épinière**. Il coordonne ses actions, tant mécaniques que chimiques à l'aide des **hormones***. Les millions de nerfs du corps informent le cerveau et transmettent ses réponses (stimuli) aux différents organes.

- **Encéphale**. Il contrôle la majeure partie des activités corporelles. C'est le seul organe capable de produire une action « intelligente » en fonction de données passées (information stockée) ou présentes et de prévoir des actions à venir. Il est constitué de milliards de **neurones***, organisés en zones ou **aires sensorielles, associatives et motrices**. Les aires sensorielles reçoivent les informations de tout le corps et les aires associatives les analysent et prennent les décisions appropriées. Les aires motrices envoient ces réponses sous forme d'ordres aux muscles et aux glandes. Ces ordres sont transmis par les fibres de 43 paires de nerfs : 12 paires de **nerfs crâniens** (tête) et 31 paires de **nerfs rachidiens** (reste du corps).

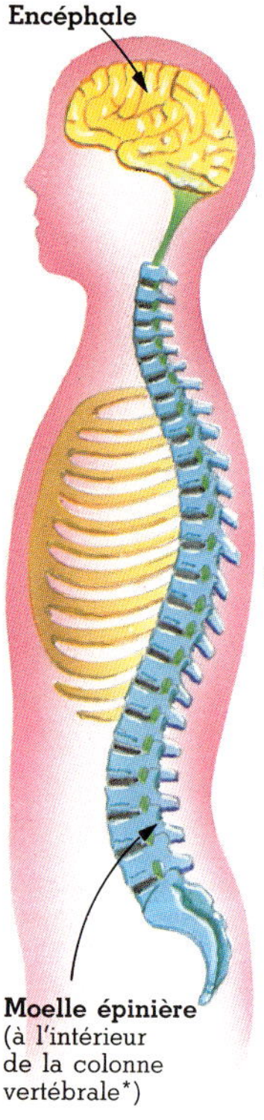

- **Moelle épinière**. Long cordon de tissu nerveux parcourant le canal de la **colonne vertébrale*** ou rachis. Les influx nerveux la parcourent dans les deux sens (du cerveau aux organes et vice-versa). 31 paires de nerfs rachidiens émergent de cette moelle épinière par des orifices entre les **vertèbres***. Chacun est constitué de 2 groupes de fibres : la **racine postérieure (neurones* sensoriels)**, et la **racine antérieure (neurones* moteurs)**.

L'encéphale

- **Cerveau**. La partie la plus développée, présentant de nombreux replis. Il est formé de deux **hémisphères cérébraux** reliés par le **corps calleux (fibres nerveuses*)**. La couche externe, le **cortex cérébral**, est le siège de la majorité des **aires sensorielles, associatives et motrices**. Elle contrôle la plupart des activités physiques et est le centre de l'activité mentale (décisions, parole, apprentissage, mémoire et imagination).

- **Cervelet**. Zone qui coordonne les mouvements musculaires et l'équilibre, cette coordination est aussi toutefois contrôlée par le **cerveau** proprement dit.

- **Pédoncules cérébraux** (mésencéphale). Relient le **diencéphale** au bulbe rachidien et permettent le transit des influx nerveux vers le **thalamus** et, dans l'autre sens, vers la **moelle épinière**.
- **Pont de Varole**. Faisceau de **fibres nerveuses*** entre l'**encéphale** et la **moelle épinière**.

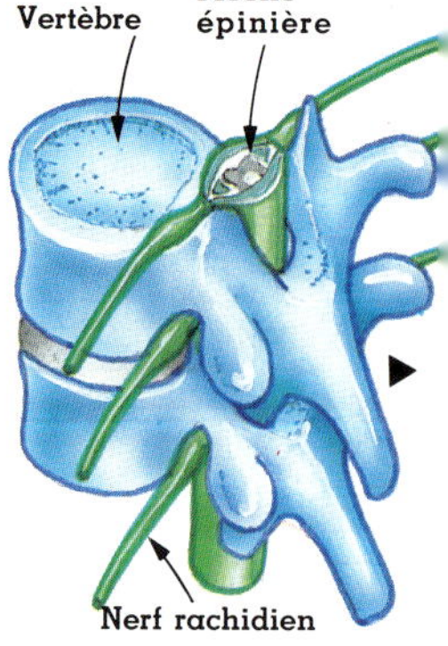

*Hormones, 106 : Neurones moteurs, 77 ; Fibres nerveuses, Neurones, 76 : Neurones sensoriels, 77 ; Vertèbres, Colonne vertébrale, 50.

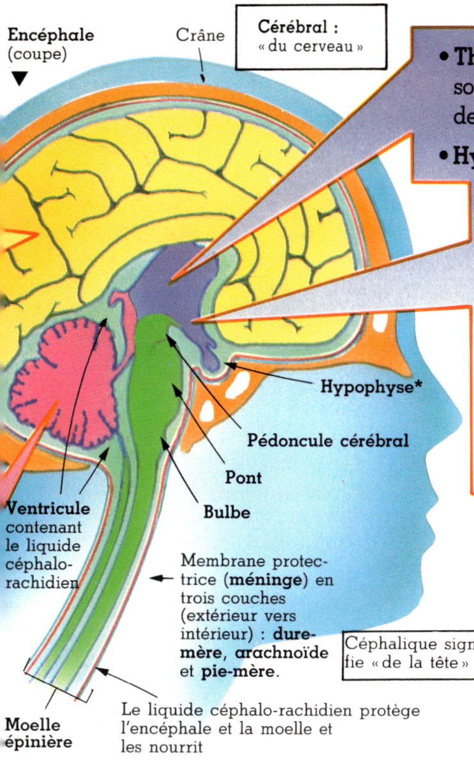

Cérébral : « du cerveau »

Céphalique signifie « de la tête »

- **Thalamus**. Zone située sur le trajet des voies sensorielles vers le cortex auquel elle sert de centre de coordination. Elle est aussi le centre des émotions.
- **Hypothalamus**. Principal centre régulateur des fonctions automatiques du corps. Il contrôle le système nerveux autonome* inconscient, comme les mouvements péristaltiques de l'intestin. Il contrôle aussi la production des hormones par l'hypophyse sous-jacente. Ses fonctions régulatrices sont indispensables à l'**homéostasie*** : stabilité des composantes de l'organisme.
- **Diencéphale**. Terme d'ensemble désignant le **thalamus** et l'**hypothalamus**.

Zones du cerveau

Aires sensorielles. Reçoivent les influx nerveux des sens.
1. Venant des muscles, de la peau et des organes internes : aire sensorielle générale ;
2. Venant de la langue : aire gustative primaire ;
3. Venant des oreilles : aires auditive primaire ;
4. Venant des yeux : aire visuelle primaire ;
5. Venant du nez : aire olfactive primaire.

Aires motrices. Chaque minuscule partie de cette zone commande à un muscle spécifique.

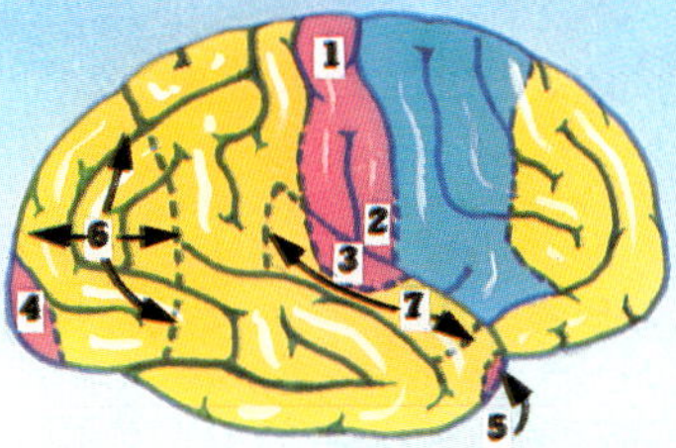

Aires associatives. Analysent, interprètent les influx nerveux et prennent les décisions. Les plus caractéristiques sont :
6. Aire d'association visuelle : gère la vue.
7. Aire d'association auditive : gère la perception sonore

- **Bulbe rachidien**. Prolongation de la moelle épinière à laquelle il relie le cerveau et le cervelet. S'y trouvent des centres de commande de la vie automatique comme le centre respiratoire, sous le contrôle de l'**hypothalamus**.

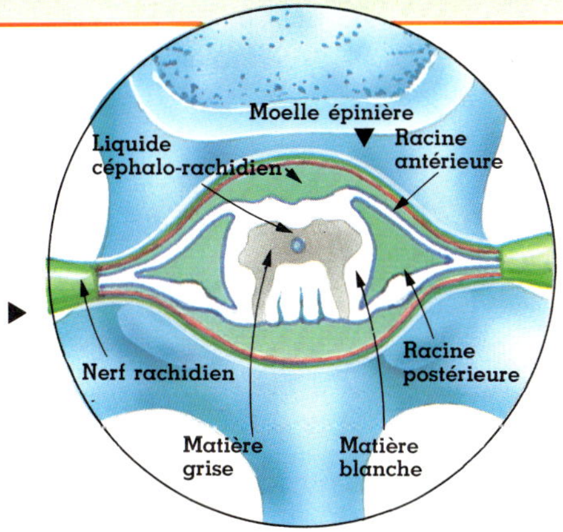

- **Neuroglie**. Ensemble des cellules particulières qui protègent les cellules nerveuses ou **neurones***. Certaines produisent une matière blanche appelée **myéline** (voir **cellules de Schwann**, voir page 76). Elles enveloppent les fibres longues de l'**encéphale** et la couche externe de la **moelle épinière**, formant ce que l'on appelle la « **matière blanche** ». La **matière grise**, par contre, est constituée surtout de **corps cellulaires*** et de leurs courtes fibres, ne comptant pas de myéline.

*Système nerveux autonome, 80 ; Corps cellulaires, 76 ; Homéostasie, 105 ; Neurones, 76 ; Hypophyse, 69.

Constituants élémentaires du système nerveux

Les éléments constitutifs de l'encéphale et de la moelle épinière (**système nerveux central***) et de l'ensemble des nerfs du reste du corps (**système nerveux périphérique**), sont les cellules nerveuses (**neurones**). Celles-ci sont particulièrement bien adaptées à la transmission des messages électriques (influx nerveux vitaux) dans l'ensemble du corps. Chaque neurone est formé d'un **corps cellulaire**, d'un **axone** et d'une ou plusieurs **dendrites**. Il existe trois types de **neurones : sensoriels, associatifs, moteurs**.

Un neurone

- **Corps cellulaire ou périkaryon.** Contient le **noyau*** du neurone et la majeure partie de son **cytoplasme***. Ceux de tous les neurones associatifs et de quelques sensoriels et moteurs se trouvent dans le cerveau et la moelle épinière. Ceux des autres neurones sensoriels se trouvent dans les **ganglions*** spinaux ou constituent des **récepteurs*** ultra-spécialisés (yeux ou nez, par ex.). Ceux des autres neurones moteurs se trouvent dans les **ganglions neuro-végétatifs***.
- **Fibres nerveuses.** Extensions du cytoplasme du neurone, elles forment l'**axone** et les **dendrites** qui véhiculent l'influx nerveux. La plupart des longues fibres nerveuses (motrices ou sensorielles) qui parcourent le corps sont accompagnées des **cellules de Schwann** qui forment une couche de **myéline*** autour de chaque fibre.
- **Dendrites.** Fibres qui transportent l'influx nerveux vers le **corps cellulaire**. La plupart des neurones possèdent plusieurs dendrites courtes, mais un type de neurones sensoriels n'en possède qu'une, très longue, appelée **dendrone**. Les terminaisons de ces dendrones forment des **récepteurs*** dans toutes les parties du corps. Les corps cellulaires de ces **dendrones** se trouvent dans les **ganglions spinaux**, à proximité de la moelle épinière.

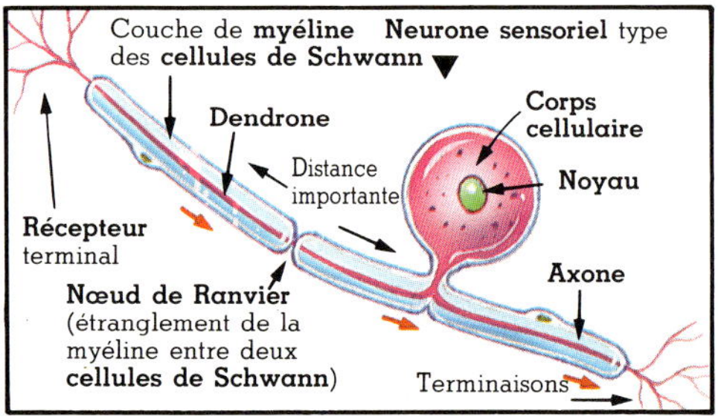

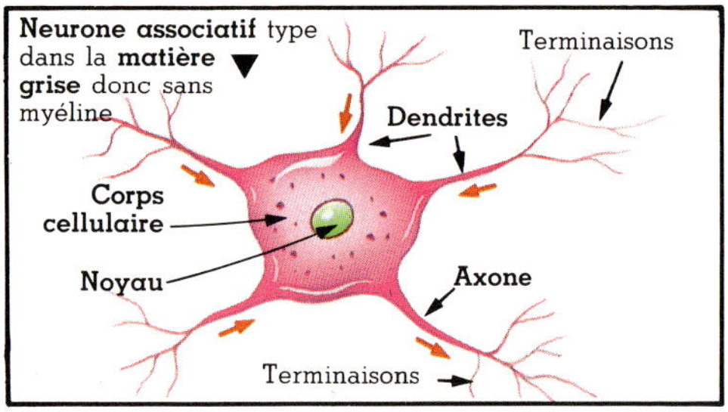

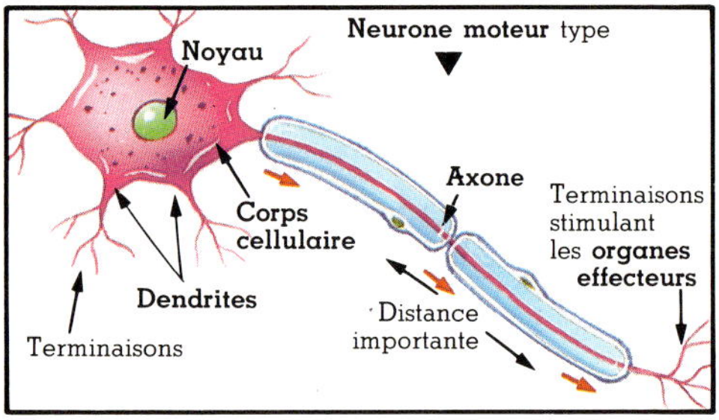

- **Axone.** Fibre longue et unique qui emporte l'influx loin du **corps cellulaire**. Les axones de tous les neurones associatifs et sensoriels et ceux de certains neurones moteurs sont dans l'encéphale et dans la moelle épinière. Les autres sortent de la moelle vers les **ganglions neuro-végétatifs*** et plus loin encore vers les **organes effecteurs**.

* **Ganglions neuro-végétatifs**, 81 ; **Système nerveux central**, 74 ; **Cytoplasme**, 10 ; **Ganglions**, 78 ; **Matière grise**, **Myéline**, 75 ; **Noyau**, 10 ; **Récepteurs**, 79.

Types de neurones

- **Neurones sensoriels ou afférents**. Véhiculent l'information sensorielle. Ils n'ont qu'une dendrite unique mais de grande longueur, appelée **dendrone**. Lorsque les terminaisons de ces dendrones sont stimulées, elles émettent un influx nerveux qui parcourt tout le corps (voir **récepteurs** et différents neurones sensoriels, pages 78-79).

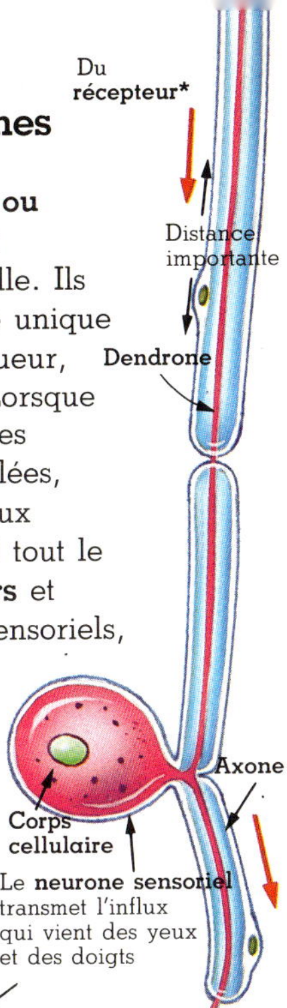

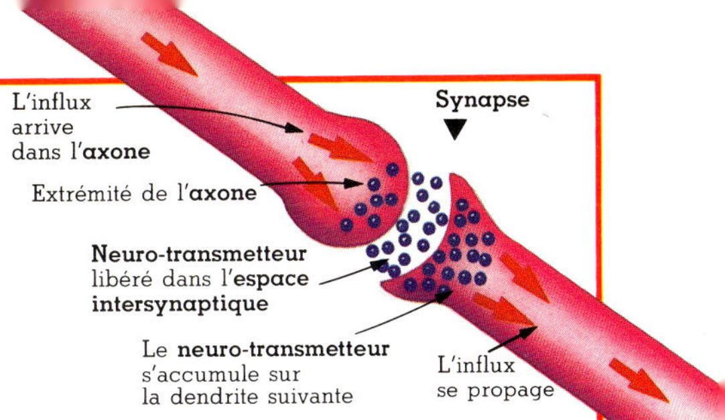

- **Synapses**. C'est la minuscule zone de contact entre la terminaison d'un **axone** et celle de la **dendrite** du neurone suivant. Quand l'influx atteint l'extrémité de l'axone, une substance chimique appelée **neuro-transmetteur** est libérée dans l'**espace intersynaptique** en direction de la dendrite. Lorsque sa quantité est suffisante, l'influx se déclenche dans la dendrite.

- **Neurones moteurs ou efférents**. Ils transportent les instructions du système nerveux central vers le reste du corps. Les extrémités des **axones** de certains neurones moteurs sont reliées aux muscles et aux glandes (**organes effecteurs**) et ces instructions stimulent ces organes (voir pages 80-81).

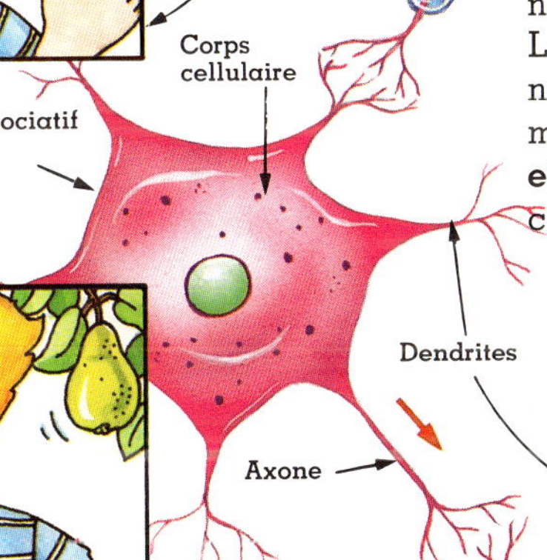

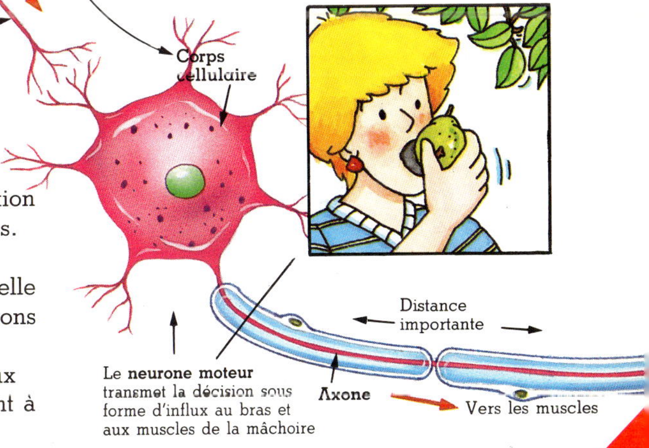

- **Neurones associatifs ou relais**. Neurones spécialisés dans la jonction entre les autres types de neurones. Ils sont présents en très grand nombre dans le cerveau et la moelle épinière. Ils recueillent les impulsions des **neurones sensoriels**, les interprètent et les transmettent aux **neurones moteurs** qui provoquent à leur tour l'action adéquate.

*Récepteurs, 79.

Les nerfs et leurs parcours

La **sensibilité** du corps est sa capacité à répondre à un stimulus. Elle dépend de la bonne transmission de messages (influx nerveux) par les fibres des cellules nerveuses (**neurones***). Les fibres qui apportent l'influx au système nerveux central font partie du **système afférent**. Celles qui emportent les influx loin du système nerveux central font partie du **système efférent** (voir pages 80-81). Les fibres qui sont hors du cerveau et de la moelle épinière constituent les **nerfs**, ou **système nerveux périphérique**.

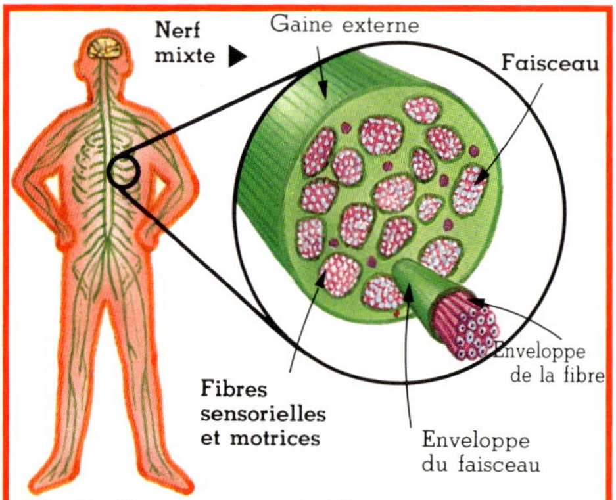

• **Nerf**. Groupement de fibres nerveuses, de vaisseaux sanguins et de **tissu conjonctif***. Chaque nerf est constitué de plusieurs **faisceaux** de fibres et chaque fibre est le prolongement d'une cellule nerveuse (**neurone***). Les **nerfs sensoriels** sont faits des **dendrones*** de **neurones sensoriels***, **les nerfs moteurs** des fibres (**axones***) de **neurones moteurs*** et les **nerfs mixtes** possèdent les deux types de fibres.

Le système afférent

C'est le système des **neurones** dont les informations (influx) remontent vers le cerveau. Les cellules nerveuses sollicitées dans ce cas sont tous les **neurones sensoriels*** du corps. Les influx prennent naissance dans les **récepteurs** et sont interprétés par le cerveau comme des sensations.

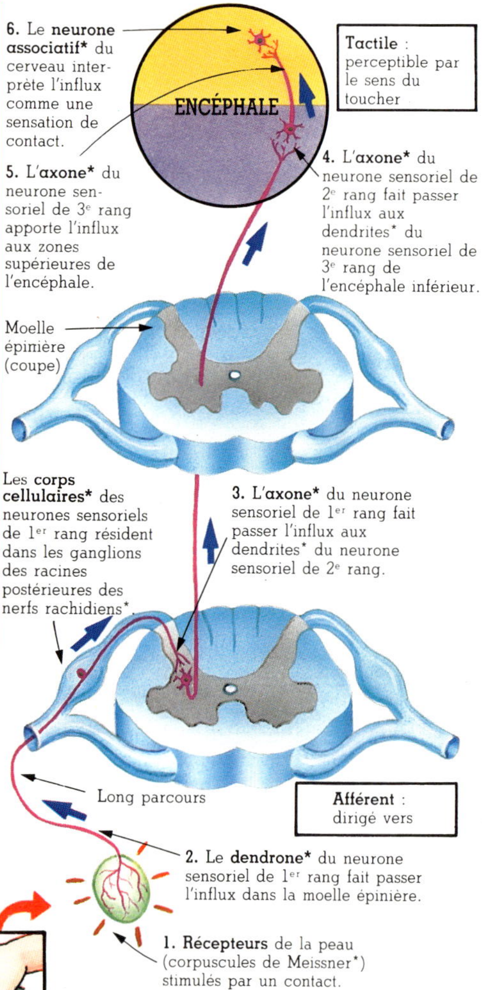

L'influx nerveux emprunte les voies nerveuses. Voici un exemple très simplifié d'une voie nerveuse du système afférent. Un seul neurone* de chaque type est montré ici (en fait un grand nombre d'entre eux sont sollicités dans un tel processus).

Tactile : perceptible par le sens du toucher

Afférent : dirigé vers

*Neurones associatifs, 77 ; Axone, Corps cellulaire, 76 : Tissu conjonctif, 52 ; Dendrone, Dendrites, 76 ; Corpuscules de Meissner, 82 ; Neurones moteurs, 77 : Neurones, 76 ; Neurones sensoriels, 77 ; Nerfs rachidiens, Moelle épinière, 74.

• **Récepteur**. C'est la partie du **système afférent** qui transforme les stimuli en influx nerveux. C'est la terminaison du **dendrone*** d'un **neurone sensoriel de 1er rang** (voir schéma) ou un groupe de ces extrémités. Ils sont noyés dans les tissus. Certains présentent une structure plus spécialisée (ex. : **bourgeon gustatif**). On les trouve dans tout le corps, près de la surface de la peau (**organes des sens**), dans les **muscles du squelette***, etc. ou dans les profondeurs de l'organisme (viscères, parois des vaisseaux sanguins, etc.).

• **Organes des sens**. Organes spécialisés dans la perception des signaux extérieurs. Chacun d'eux comporte de nombreux récepteurs. Ce sont la **peau**, le **nez**, la **langue**, et les **oreilles** (voir page suivante).

Divisions du système afférent

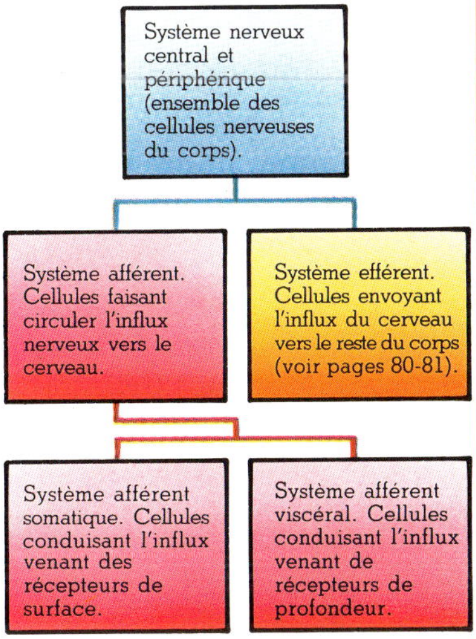

• **Le nez**. Organe de l'odorat. Chacune des deux narines débouche sur une **fosse nasale** tapissée de cellules **muqueuses*** et dans sa partie supérieure de cellules ciliées. Ces cils sont les **dendrites*** de **neurones sensoriels*** très spécialisés : les cellules olfactives. Ce sont les **récepteurs** dont les influx sont interprétés par le cerveau comme des sensations d'odeurs (sensations olfactives).

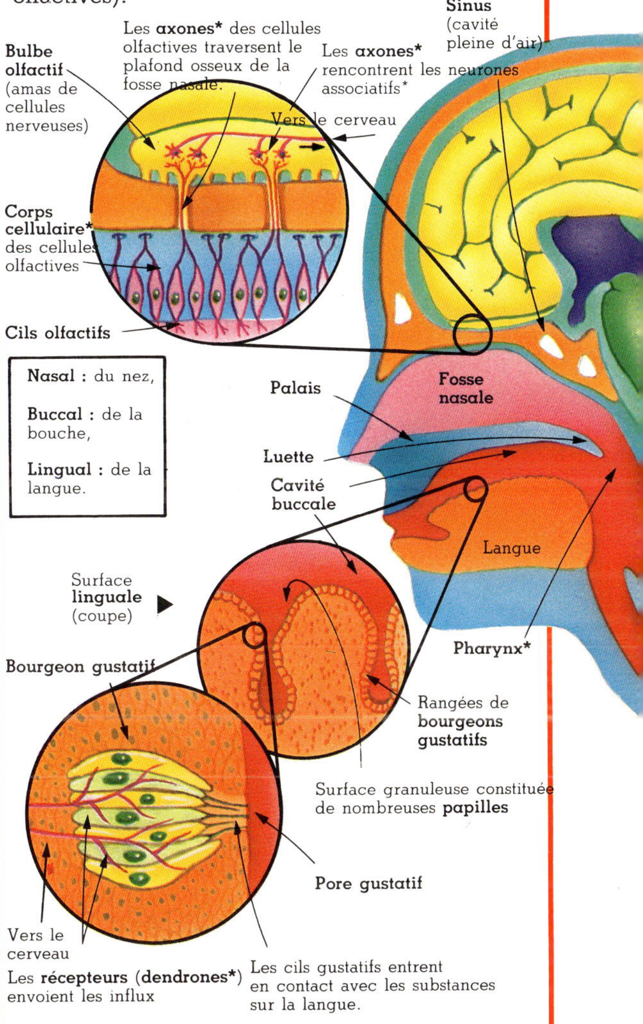

Nasal : du nez,
Buccal : de la bouche,
Lingual : de la langue.

• **La langue**. Principal organe du goût. C'est un muscle recouvert de nombreuses **papilles gustatives**. Ces petits éléments contiennent les **récepteurs** dont les influx seront interprétés par le cerveau comme des sensations de goût (**sensations gustatives**).

*__Neurones associatifs__, 77 ; **Axone**, **Corps cellulaire**, 76 ; **Dendrone**, **Dendrite**, 76 ; **Muqueuse**, 67 ; **Pharynx**, 66 ; **Neurone sensoriel** 77 ; **Muscles du squelette**, 55.

Le système efférent

C'est le second système nerveux du corps (voir pages précédentes). Les fibres de ses cellules nerveuses conduisent les influx dans le sens cerveau-moelle épinière-reste du corps. Les cellules en jeu sont tous les **neurones moteurs*** de l'organisme. Les influx transportés stimulent l'activité des muscles du squelette*, celle des glandes ou encore celle des muscles des parois des viscères et des vaisseaux. Tous ces organes sont appelés **effecteurs**.

Divisions du système efférent

Système nerveux central et périphérique

Système afférent (voir pages 78-79)

Système efférent. Neurones qui conduisent l'influx à partir du cerveau.

Système somatique efférent. Cellules nerveuses sollicitant les muscles du squelette* (actions volontaires).

Système nerveux neuro-végétatif (système efférent viscéral). Les actions sont involontaires.

Système sympathique. Les cellules nerveuses préparent l'organisme à l'action (ex. : accélération du rythme cardiaque).

Système parasympathique. Cellules nerveuses qui ramènent l'organisme à sa situation initiale (ex. : déccélération du rythme cardiaque).

Les différentes activités

Dans chacun de ces schémas, on ne montre qu'un seul neurone de chaque type (dans la réalité, de nombreux sont sollicités)

Voie nerveuse* très simplifiée (action volontaire : système efférent somatique) ▼

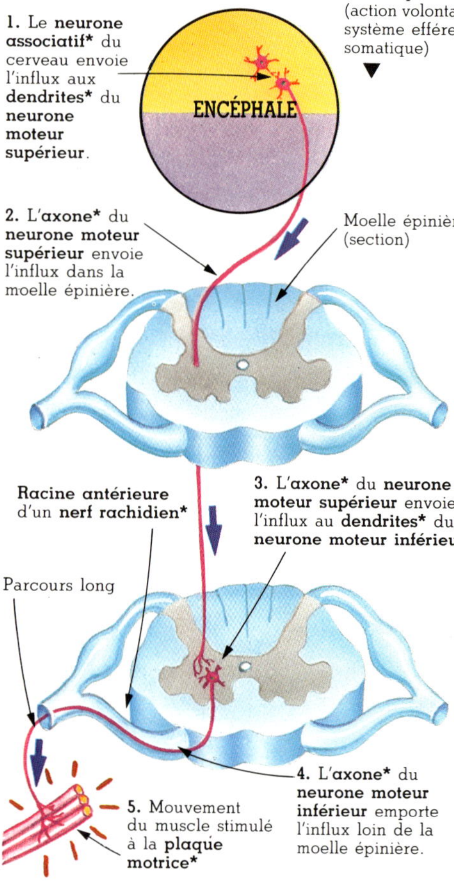

- **Activité volontaire.** Actions résultant d'une activité consciente du cerveau (Ex. : décision de soulever un objet). Nous sommes toujours conscients de tels événements qui impliquent uniquement les **muscles du squelette***. Les influx qui les commandent prennent naissance dans le cortex cérébral* et sont véhiculées par les neurones du **système efférent somatique**.

*Neurone associatif, 77 ; Axone, 76 ; Cortex cérébral, 74 : Dendrites, 76 ; Plaque motrice, 55 ; Neurone moteur, 77 ; Voies nerveuses, 78 ; Neurones, 76 ; Muscles du squelette, 55 ; Nerf rachidien, Moelle épinière, 74.

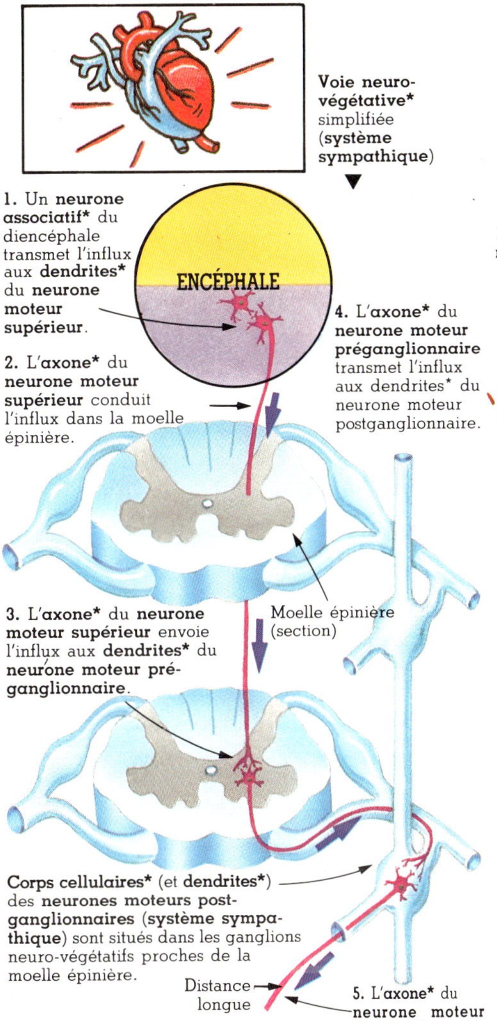

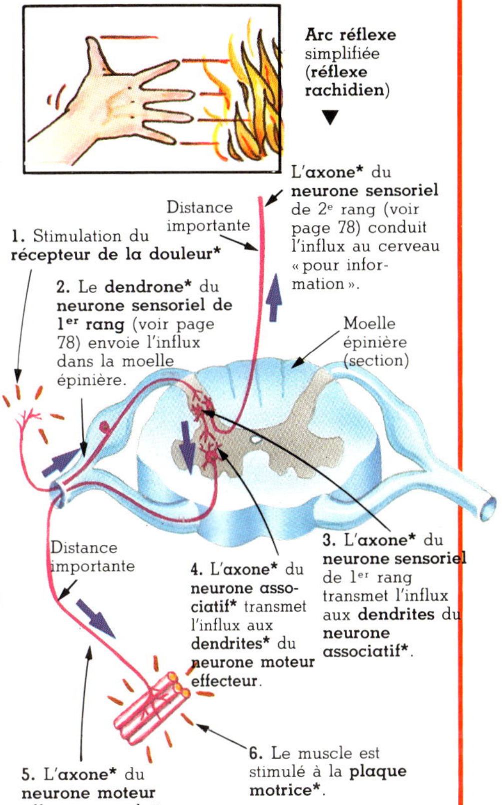

- **Activité involontaire**. Activités automatiques dont le cerveau ne prend pas consciemment la décision. Elles sont de deux types. Le premier recouvre les actions constantes (battements du cœur par ex.) que l'on ne remarque pas et dont les influx (transmis par le **système neuro-végétatif**) prennent en général naissance dans l'**hypothalamus***. Le deuxième recouvre les **actions réflexes**.

- **Activité réflexe. Actions involontaires** dont nous sommes conscients. Le terme s'applique le plus souvent à des actions soudaines des **muscles du squelette*** (éloigner la main d'une flamme, par ex.). Les neurones qui interviennent lors d'un acte réflexe sont peu nombreux : un neurone sensoriel afférent, un neurone associatif, un neurone moteur efférent. Ce circuit court est appelé **arc réflexe**. Cet arc réflexe peut être localisé dans la moelle ou dans l'**encéphale** (par ex. éternuement).

***Neurone associatif**, 77 ; **Axone**, **Corps cellulaire**, 76 ; **Dendrone**, **Dendrite**, 76 ; **Hypothalamus**, 75 ; **Plaque motrice**, 55 ; **Nerf**, **Voie nerveuse**, 78 ; **Récepteurs de la douleur**, 83 ; **Muscles du squelette**, 55.

La peau

C'est l'enveloppe externe du corps, constituée de plusieurs couches tissulaires. Elle reçoit les stimulations extérieures, protège contre les agressions et l'infection, empêche le dessèchement de l'organisme, aide à en réguler la température, élimine certains déchets (**sueur**), stocke des graisses et fabrique la **vitamine D***. Elle comprend de nombreuses petites structures spécialisées. L'ensemble des tissus et de ces structures est appelé le système tégumentaire.

Les différentes couches

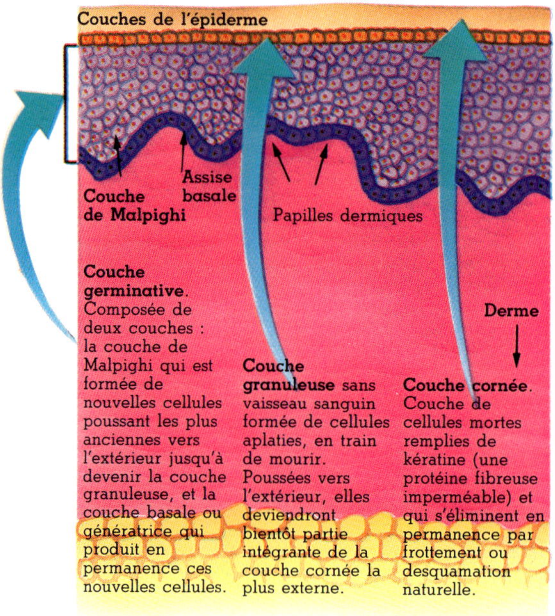

- **Epiderme**. Couche mince, la plus externe formant l'**épithélium** (nom donné à toute couche de cellules formant enveloppe ou tapissant une cavité). L'épiderme est lui-même constitué de plusieurs couches (voir schéma ci-dessus).
- **Derme**. Couche épaisse de **tissu conjonctif*** sous l'**épiderme**. Il abrite la plupart des structures annexes (voir introduction) mais aussi de nombreux **capillaires*** qui alimentent la peau en nourriture et en oxygène.
- **Tissu sous-cutané**. Couche de **tissu adipeux** (réserve de graisse) sous le **derme**. Des fibres élastiques la parcourent pour rattacher le derme aux organes sous-jacents (muscles par ex.). C'est une couche isolante.

Structures annexes

- **Corpuscules de Meissner**. Petites structures entourant les terminaisons nerveuses. Particulièrement nombreux dans la paume de la main et au bout des doigts. Ils sont des **récepteurs*** tactiles (au contact de la peau avec un objet, ils en avertissent le cerveau).
- **Glandes sébacées. Glandes exocrines*** qui débouchent dans les **follicules pileux**. Elles produisent le **sébum**, huile qui imperméabilise les poils et l'**épiderme** et leur donne leur souplesse.
- **Muscles érecteurs des poils**. Il en existe un par **follicule pileux**. Quand il se contractent (dans le froid, par ex.), les poils se redressent. Cela augmente le volume d'air emprisonné autour de la peau et améliore l'isolation (surtout chez les animaux à fourrure ou à plumes). Chez l'homme, cela provoque la chair de poule.
- **Follicules pileux**. Longs tubes contenant chacun un poil. Le poil grandit grâce aux nouvelles cellules qui se forment à sa base et repoussent les anciennes. Celles-ci se chargent de **kératine** et meurent.

***Capillaires**, 61 ; **Tissu conjonctif**, 52 ; **Glandes exocrines**, 69 ; **Récepteurs**, 79 ; **Vitamine D**, 109.

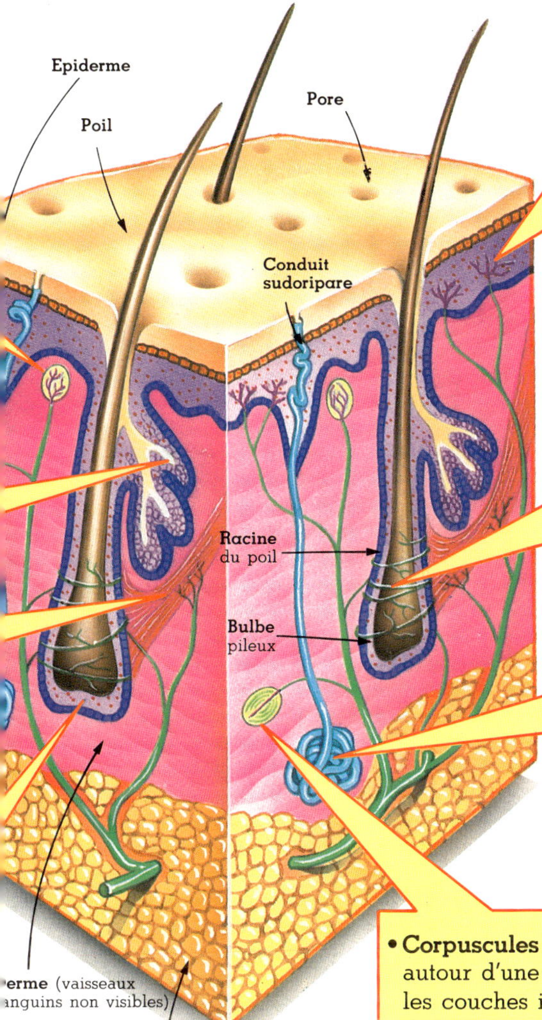

- **Récepteurs de la douleur**. Terminaisons nerveuses de la plupart des viscères et de la peau (**épiderme** et couche supérieure du **derme**). Ce sont ces **récepteurs*** qui avertissent l'encéphale d'un stimulus excessif (pression, chaleur, etc.) et c'est leur action qui cause la sensation de douleur.

- **Plexus pileux**. Terminaisons nerveuses entourant un **follicule pileux**. Ce sont des **récepteurs*** qui envoient donc des informations au cerveau sur les mouvements des poils.

- **Glandes sudoripares. Glandes exocrines*** en pelotes. Elles excrètent la **sueur**. Chacune est formée d'un canal mince rejoignant la surface de la peau. La sueur est composée d'eau, de sels et d'**urée*** venant des **capillaires***.

- **Corpuscules de Pacini**. Petits éléments constitués autour d'une terminaison nerveuse et situés dans les couches inférieures de la peau et les parois des organes internes. Ce sont des **récepteurs*** sensibles à la pression qui réagissent lorsque le contact sur la peau devient très fort.

- **Mélanine. Pigment*** brun qui protège des rayons ultraviolets en absorbant l'énergie lumineuse. Se trouve dans l'épiderme des habitants des régions tropicales ce qui leur donne une peau brune.

La mélanine n'est présente que dans les couches profondes de l'épiderme des peaux claires mais est produite en grande quantité en présence de lumière solaire (bronzage).

* **Capillaires**, 61 ; **Glandes exocrines**, 69 ; **Pigment**, 27 ; **Récepteurs**, 79 ; **Urée**, 73.

L'œil

Les **yeux** sont les organes de la **vue**. Stimulés par la lumière en provenance des objets, ils envoient des influx nerveux à l'encéphale. Le cerveau interprète ces informations pour en faire des images. L'œil est un organe sphérique, creux. Il est constitué de plusieurs couches de tissu et d'éléments connexes. Le **globe oculaire** est logé dans un creux de la boîte crânienne, l'**orbite**, et est protégé par les paupières et les cils.

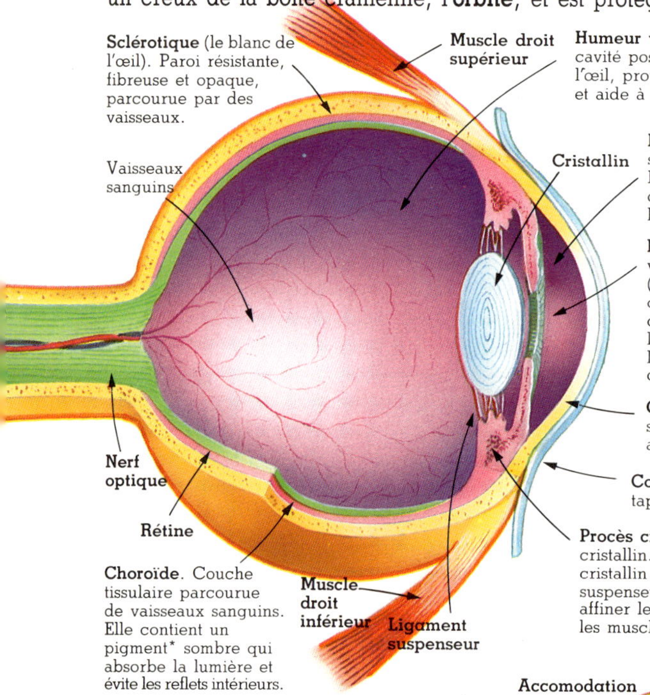

• **Cristallin**. Lentille transparente dont le rôle est de réfracter les rayons de lumière de sorte qu'ils donnent une image de la réalité extérieure sur la **rétine** à l'intérieur de l'œil. Il est fait de nombreuses couches d'un tissu extrêmement fin et est maintenu en place par les fibres d'un **ligament* suspenseur**. Ces fibres le relient au **procès ciliaire** qui est un muscle pouvant modifier la forme du cristallin de manière à toujours produire une image nette sur la rétine, quelle que soit la distance de l'objet observé. Ce processus s'appelle l'**accomodation**. L'image sur la rétine est renversée mais ce fait est corrigé par le cerveau.

Accomodation ▶

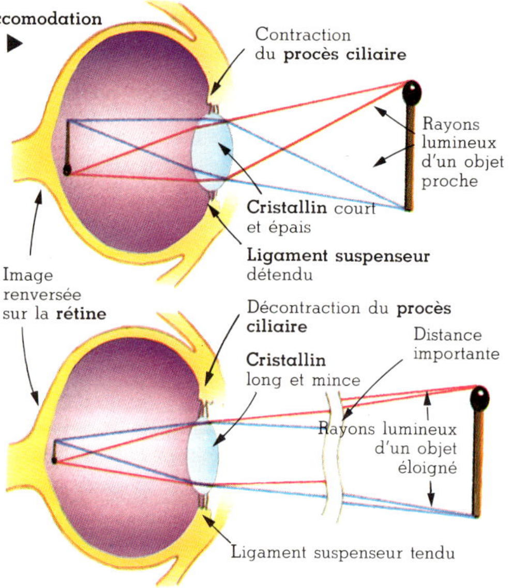

***Ligaments**, 52; **Pigments**, 27; **Muscle lisse**, 55.

La couche innervée

• **Rétine**. Couche tissulaire du fond du globe oculaire formée de **pigment*** et d'une couche de plusieurs millions de cellules nerveuses sensorielles (**neurones sensoriels***). Celles-là forment de longues chaînes qui transportent les informations au cerveau. Les premiers neurones de la chaîne sont les cellules en forme de cône et les cellules en forme de bâtonnet, photorécepteurs qui transforment les stimuli lumineux en influx nerveux.

Détail de la **rétine** ▶

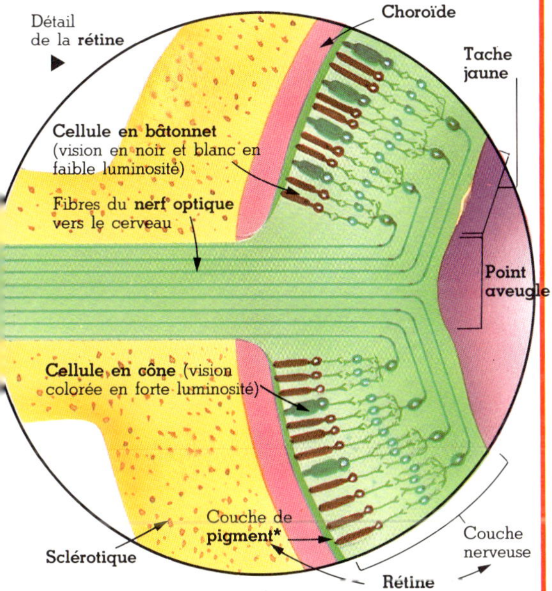

• **Tache jaune**. Zone de couleur jaunâtre au milieu de la **rétine**. Dans la partie centrale se trouve la **fovea** où les cellules en cône sont les plus nombreuses et la vision la plus précise. Si le regard est dirigé directement sur un objet, ses rayons lumineux se concentrent sur la **fovea**.

• **Point aveugle**. Lieu de la **rétine** d'où le **nerf optique** sort de l'œil. Ce point est dépourvu de **récepteurs*** et ne peut donc envoyer aucun influx au cerveau.

Annexes du globe oculaire

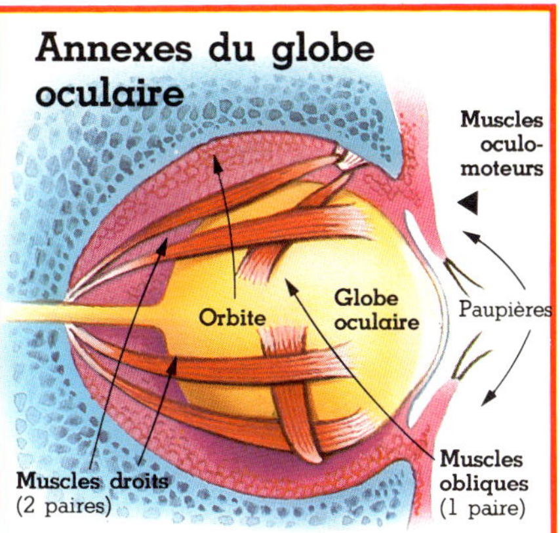

• **Muscles oculomoteurs**. Les trois paires de muscles qui relient l'œil à son **orbite**. Ils permettent les mouvements de l'œil dans son logement.

• **Glandes lacrymales**. Deux glandes **exocrines***, une en haut de chaque **orbite**. Elles secrètent les larmes sous les paupières supérieures par l'intermédiaire des **conduits lacrymaux**. Ce liquide contient des sels et une **enzyme*** antibactérienne qui humecte en permanence la surface de l'œil, le maintenant ainsi humide et propre. Ce liquide est drainé par les

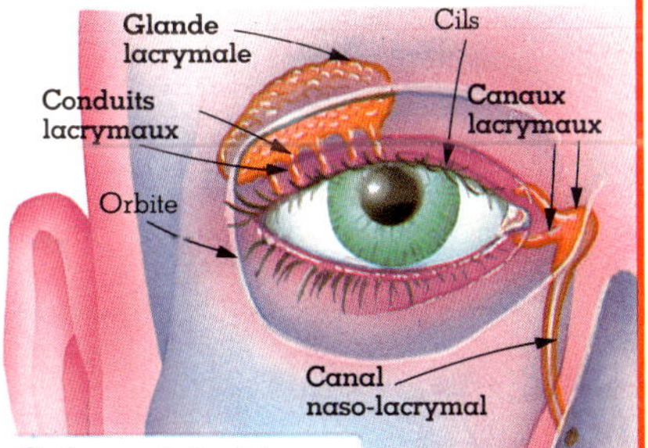

Optique : de la vision.

Visuel : perceptible par le sens de la vue.

deux **canaux lacrymaux** dans le coin interne de chaque œil, qui se réunissent pour former le canal **naso-lacrymal**. Celui-ci se déverse dans les **fosses nasales***.

*Dendrone, 76 : **Enzymes**, 103 : **Glandes exocrines**, 69 ; **Fosses nasales**, 79 ; **Pigments**, 27 : **Récepteurs**, 79 ; **Neurones sensoriels**, 77.

L'oreille

Les oreilles sont les organes de l'audition et de l'équilibration. Chacune est divisée en trois parties : l'oreille **externe, moyenne** et **interne**.

- **Oreille externe**. Composée du **pavillon** extérieur qui est une structure **cartilagineuse** reliée à un tube, le **conduit auditif**, conduisant vers l'oreille moyenne. Ce conduit est tapissé de **glandes sébacées*** particulières qui secrètent le **cérumen** (cire auriculaire).

- **Oreille moyenne**. C'est la cavité emplie d'air ou **caisse du tympan** qui contient une chaîne de trois **osselets :** le **marteau**, l'**enclume** et l'**étrier**.

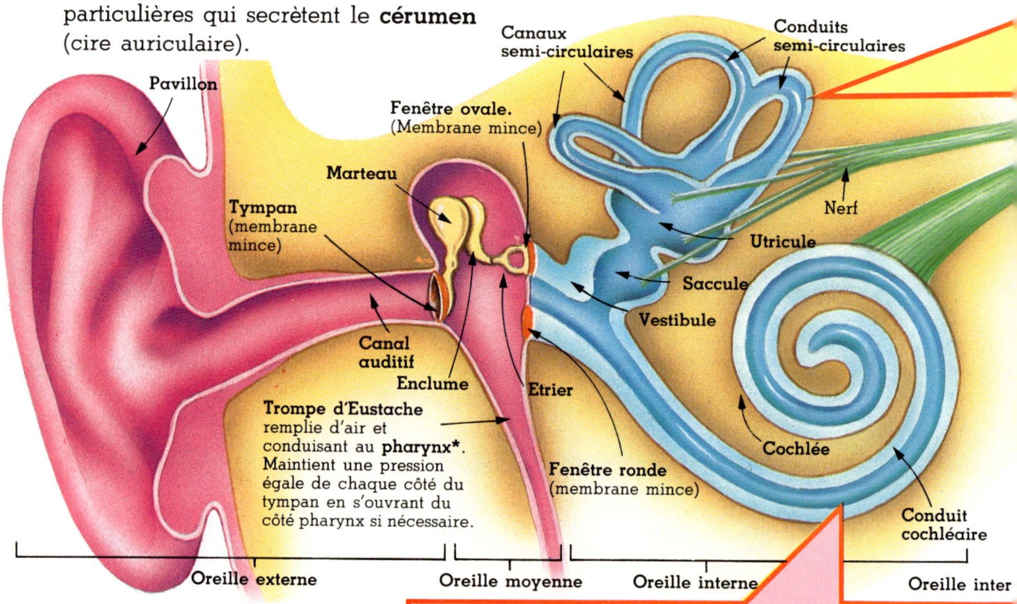

- **Oreille interne**. Est logée dans une série de cavités crâniennes, le labyrinthe osseux. Les cavités s'appellent **cochlée, vestibule** et **canaux semi-circulaires**; elles sont remplies d'un liquide, le **périlymphe**. A l'intérieur, le **labyrinthe membraneux** formé de tubes et de sacs qui ont pour noms : **utricule, saccule, canal cochléaire** et les **conduits semi-circulaires**, remplis aussi de liquide, l'**endolymphe**.

L'oreille interne et l'audition

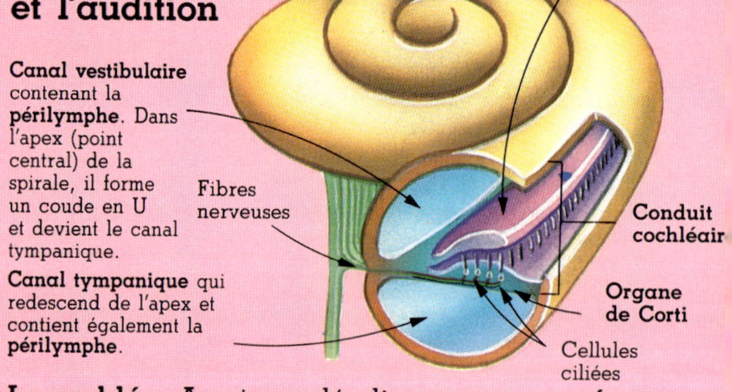

- **La cochlée**. Aussi appelée limaçon pour sa forme en spirale. Formée de deux canaux contigus contenant la **périlymphe** et d'un troisième, le **canal cochléaire**.

*__Cartilage__, 53 : **Pharynx**, 66 : **Glandes sébacées**, 82.

L'oreille interne et l'équilibre

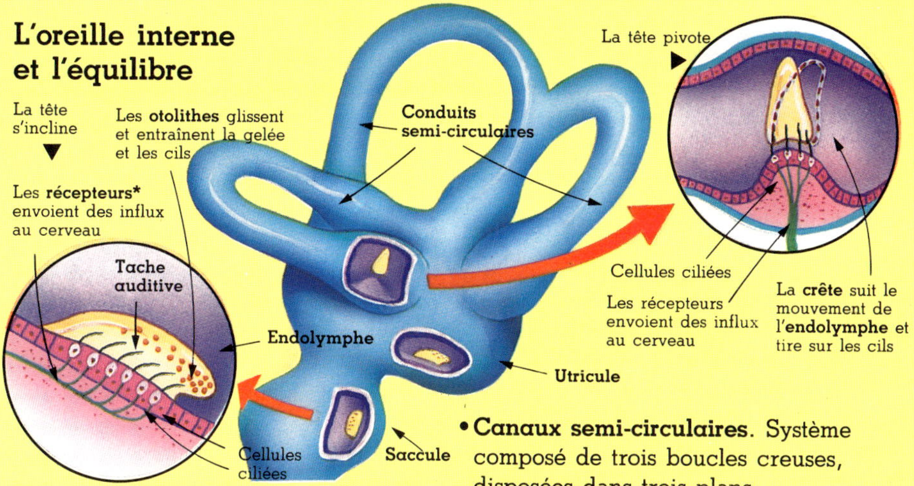

• **Saccule et utricule**. Deux sacs à la jonction des **canaux semi-circulaires** et du **conduit cochléaire**. Ils contiennent l'**endolymphe** et présentent de minuscules groupes de cellules ciliées sur leurs parois, les taches auditives. Les cils de ces cellules en relation avec les terminaisons de dendrones sont comme noyés dans une substance gélatineuse. Celle-ci contient des grains de carbonate de calcium (**otolithes**) qui sont mobiles avec la position de la tête et viennent stimuler les cils des cellules. Les dendrones conduisent ensuite au cerveau l'information sur la position de la tête.

• **Canaux semi-circulaires**. Système composé de trois boucles creuses, disposées dans trois plans perpendiculaires.

• **Conduits semi-circulaires**. Trois conduits à l'intérieur des canaux du même nom. Ils contiennent chacun l'**endolymphe** et un élément sensoriel fixé dans leur renflement initial ou **ampoule**. Ces 3 éléments sensoriels (**crêtes auditives**) agissent pratiquement comme les **taches** et ont presque la même constitution mais sans **otolithes**. Ils informent le cerveau sur la rotation et l'inclinaison de la tête.

• **Conduit cochléaire**. Tube spiralé à l'intérieur de la **cochlée** et relié au **saccule**. Il contient de l'**endolymphe** et un élément allongé, l'**organe** ◄ **de Corti**. Ce dernier contient des cellules ciliées dont les poils flottent dans l'endolymphe et sont en contact avec une sorte de plaque, la **membrane tectoriale**. Les bases de ces cellules sont reliées à des **dendrones***.

1.

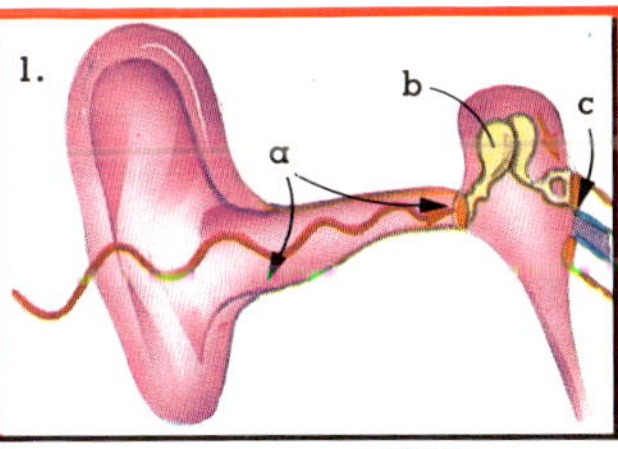

2.

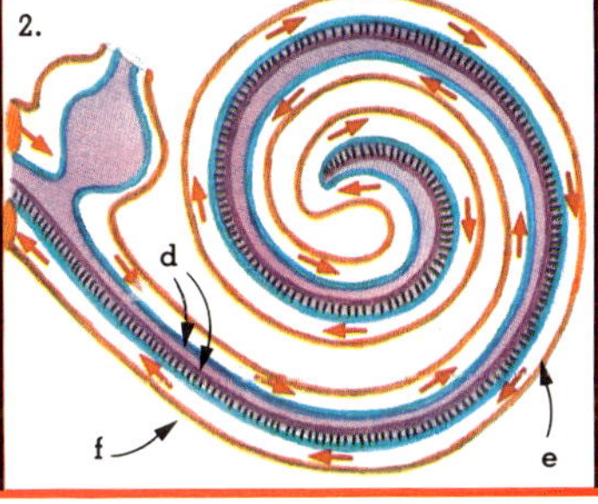

a) Les ondes sonores pénètrent le canal auditif et font vibrer le tympan.
b) Les osselets captent les vibrations, les amplifient environ 20 fois et les transmettent à la fenêtre ovale.
c) Ces vibrations créent des « vagues » dans la périlymphe du vestibule.
d) Ces vibrations se transmettent à l'endolymphe du conduit cochléaire.
e) Les cils vibrent et transmettent par les récepteurs les informations au cerveau qui les interprète comme des sensations auditives.
f) Les vagues se calment progressivement.

*Dendrone, 76 ; Récepteurs, 79.

Le système de la reproduction

La reproduction est un processus qui permet la naissance d'un nouvel être vivant. Les humains se reproduisent sexuellement* (voir pages 90-91) et les organes concernés (constituant l'**appareil génital**) sont appelés **organes génitaux** ou génitalia. Ils sont constitués d'organes primaires, les **gonades** (2 **ovaires** chez la femme, 2 **testicules** chez l'homme) et d'autres organes secondaires. Chez les 2 sexes, il y a dans les gonades des cellules qui, comme celles des glandes endocrines*, fabriquent des hormones importantes.

Appareil génital mâle

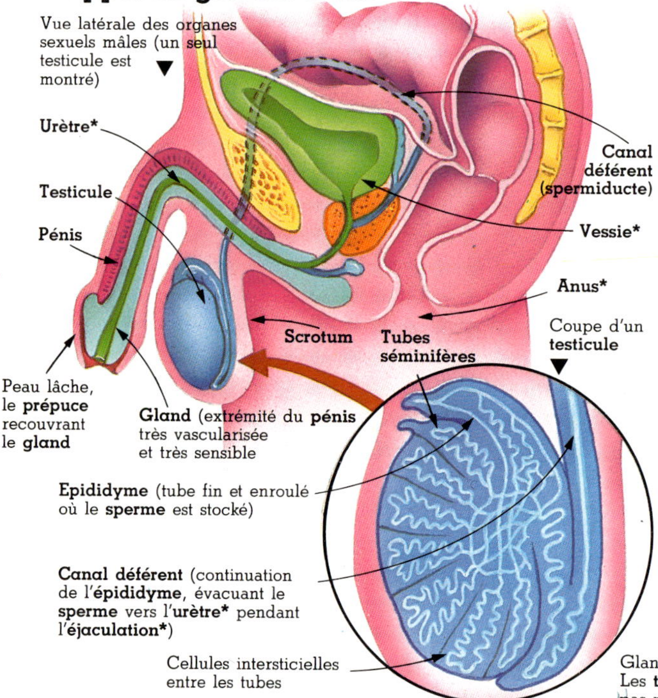

• **Testicules**. Les deux **gonades** mâles (voir introduction). Ils contiennent des **tubes séminifères** dans lesquels les **gamètes*** (cellules sexuelles) sont produites après la puberté* (pour la production du sperme, voir pages 94-95). Les testicules sont logés dans le **scrotum**, sac qui pend sous l'abdomen (la température pour la production du sperme doit être légèrement inférieure à celle du corps). Ils produisent aussi des **hormones* (androgènes)** voir pages 106-107) après la puberté.

• **Pénis**. Organe par lequel le sperme est éjaculé par l'urètre durant la **copulation**. Il est fait d'un tissu spongieux, érectile, qui contient de nombreux espaces (sinus sanguins), des vaisseaux sanguins et des terminaisons nerveuses **(récepteurs*)**. Quand un homme est sexuellement excité, vaisseaux et sinus se gonflent et se remplissent de sang : le pénis se raidit et se redresse.

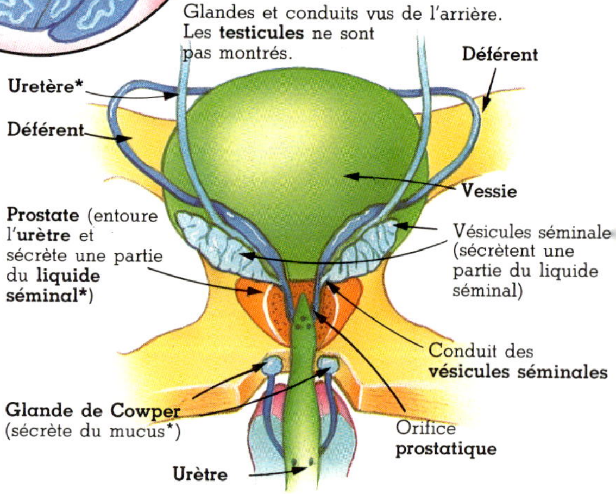

***Anus**, 67 (**Gros intestin**) ; **Vessie**, 72 ; **Ejaculation**, 91 (**Copulation**) ; **Glandes endocrines**, 69 ; **Gamètes**, 93 ; **Hormones**, 106 ; **Mucus**, 67 **Puberté**, 90 ; **Récepteurs**, 79 ; **Liquide séminal**, 91 (**Copulation**) ; **Reproduction sexuelle**, 92 ; **Uretère**, 72 ; **Urètre**, 73.

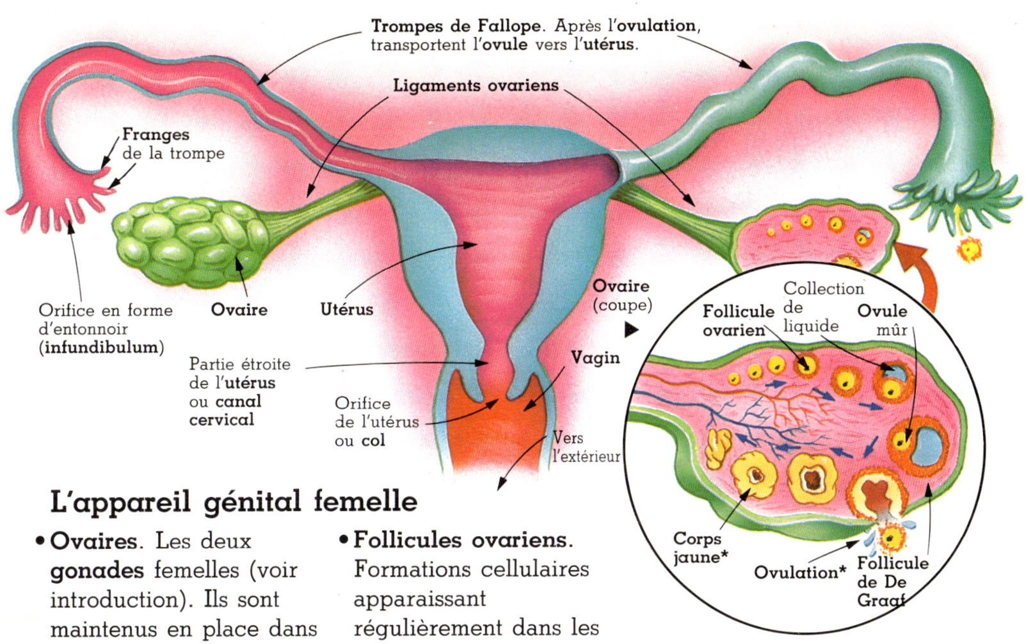

L'appareil génital femelle

• **Ovaires**. Les deux **gonades** femelles (voir introduction). Ils sont maintenus en place dans le bas de l'abdomen par des **ligaments*** qui les attachent aux parois du pelvis. Les **gamètes***, cellules sexuelles appelées **ovules**, sont produits régulièrement **par les ovaires (follicules ovariens)** après la **puberté*** (pour la production des ovules, voir pages 94-95).

• **Follicules ovariens.** Formations cellulaires apparaissant régulièrement dans les **ovaires** après la **puberté***.
Chacune contient un **ovule** en voie de maturation.
Le follicule grossit et commence à sécréter des **hormones*** (voir œstrogène page 106). Le follicule mûr s'appelle **follicule de De Graaf**.

• **Utérus**. Organe creux où aboutit l'ovule après l'ovulation (voir cycle menstruel, page 90) et à l'intérieur duquel se développe le bébé (**fœtus***). Il est tapissé par une **muqueuse*** (**l'endomètre**) recouvrant une paroi musculaire très vascularisée.

• **Vagin**. Canal musculeux reliant l'**utérus** à l'extérieur par lequel **ovules** et débris de l'endomètre sont éliminés lors du **cycle menstruel***; il reçoit le pénis pendant la **copulation***. Sa paroi produit un liquide lubrifiant.

• **Vulve**. Terme collectif pour désigner les parties externes de l'appareil génital féminin, **lèvres et clitoris**. Grandes et petites lèvres sont 2 replis de peau de chaque côté de l'orifice vaginal. Le **clitoris**, comme le pénis est fait de **tissu érectile** et comporte de nombreux **récepteurs***, ce qui le rend très sensible.

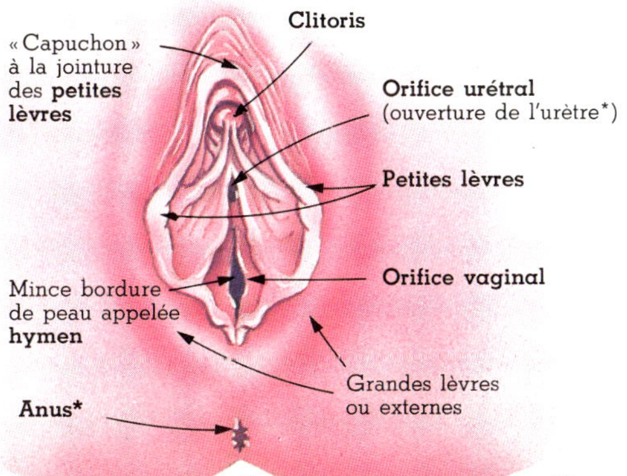

***Anus**, 67 (**Gros intestin**); **Copulation**, 91; **Corps jaune**, 90 (**Cycle menstruel**); **Fœtus**, 91 (**Grossesse**); **Gamètes**, 93; **Hormones**, 106; **Ligaments**, 52; **Muqueuse**, 67; **Ovulation**, 90 (**Cycle menstruel**); **Puberté**, 90; **Récepteurs**, 79; **Urètre**, 73.

Développement et reproduction

L'être humain se multiplie par **reproduction sexuée***. Les événements impliqués dans ce processus sont décrits dans ces deux pages, ainsi que les transformations qui y concourent.

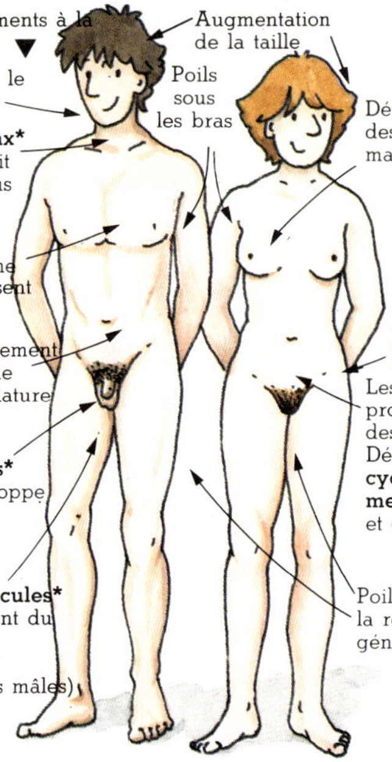

• **Puberté**. Epoque du développement à laquelle les organes de la reproduction arrivent à maturation. L'individu devient apte à se reproduire, entre 11 et 15 ans chez les filles et 13 et 15 chez les garçons. Cette période est caractérisée par un certain nombre de changements, tous provoqués par des **hormones*** (voir **œstrogène et androgène**, pages 106-107). Cela concerne les **caractères sexuels secondaires** par opposition aux **caractères primaires** que sont les organes sexuels présents dès la naissance.

Cycles menstruel et ovarien

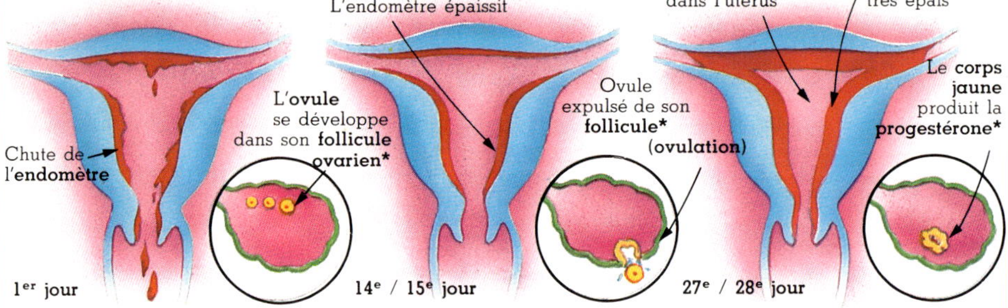

• **Cycle menstruel**. Série de changements du tissu des parois de l'**utérus*** (**endomètre**). Ce tissu développe une couche cellulaire richement irriguée en sang. Si aucun ovule n'est fécondé à ce moment là, cette couche muqueuse se détache et s'élimine par la voie vaginale : c'est la **menstruation**. Chaque cycle dure environ 28 jours et se reproduit sans interruption de la **puberté** à la **ménopause** qui apparait généralement entre 45 et 50 ans quand cesse la production d'ovules. Ce cycle est en relation avec le cycle ovarien : maturation des ovules, leur libération dans les **trompes de Fallope*** et la disparition du **corps jaune** qui provient du **follicule de De Graaf*** (il ne régresse pas si l'ovule est fécondé). Les deux cycles sont contrôlés par un groupe d'**hormones*** (voir pages 106-107).

*Trompes de Fallope, 89; Follicule de De Graaf, 89 (Follicules ovariens); Hormones, 106; Larynx, 70; Ovaires, 89; Pénis, 88; Progestérone, 106; Reproduction sexuée, 92; Testicules, 88; Utérus, Vagin, 89.

• **Copulation ou coït**. C'est l'insertion du **pénis*** à l'intérieur du **vagin*** suivie, à sa phase ultime, de l'**éjaculation** (expulsion) du **sperme** par le canal de l'**urètre***.
Le sperme est composé des **spermatozoïdes** (cellules sexuelles mâles) en suspension dans le **liquide séminal**.

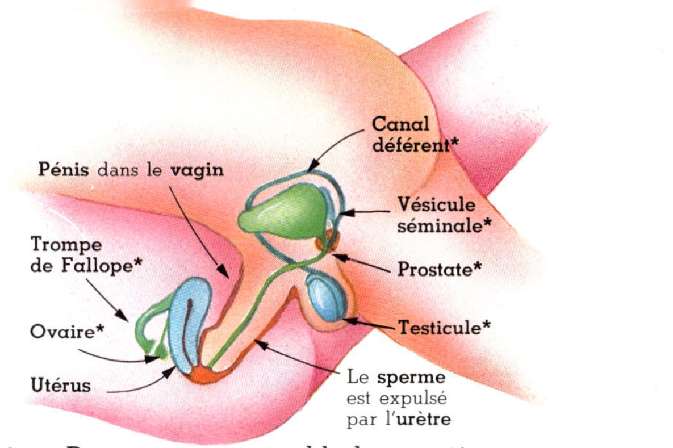

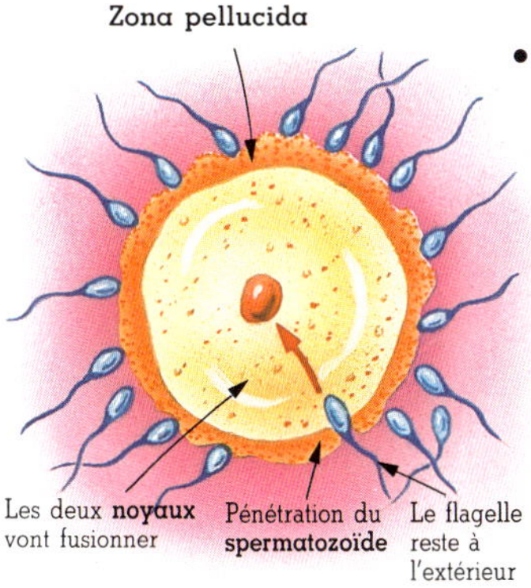

• **Fécondation**. Processus qui suit l'**éjaculation**, si un **spermatozoïde** rencontre un **ovule** dans les **trompes de Fallope***. Le spermatozoïde pénètre alors l'ovule en traversant sa paroi externe (**zona pellucida**). Son **noyau*** fusionne avec celui de l'ovule et ils forment ensemble la première cellule d'un nouvel être vivant (**zygote***). La nouvelle cellule ainsi née se déplace vers l'**utérus*** tout en se divisant abondamment (**mitose**). La masse de cellules s'implante enfin dans la paroi de l'utérus et prend alors le nom d'embryon*.

Grossesse

• La grossesse est la période de développement intra-utérin du jeune individu. La période comprise entre la **fécondation** et l'**accouchement** s'appelle **gestation** et dure 9 mois chez l'être humain. **L'embryon**, au bout de 2 mois de grossesse, prend le nom de **fœtus**. De fortes séries de contractions musculaires, appelées le **travail**, précèdent l'accouchement.

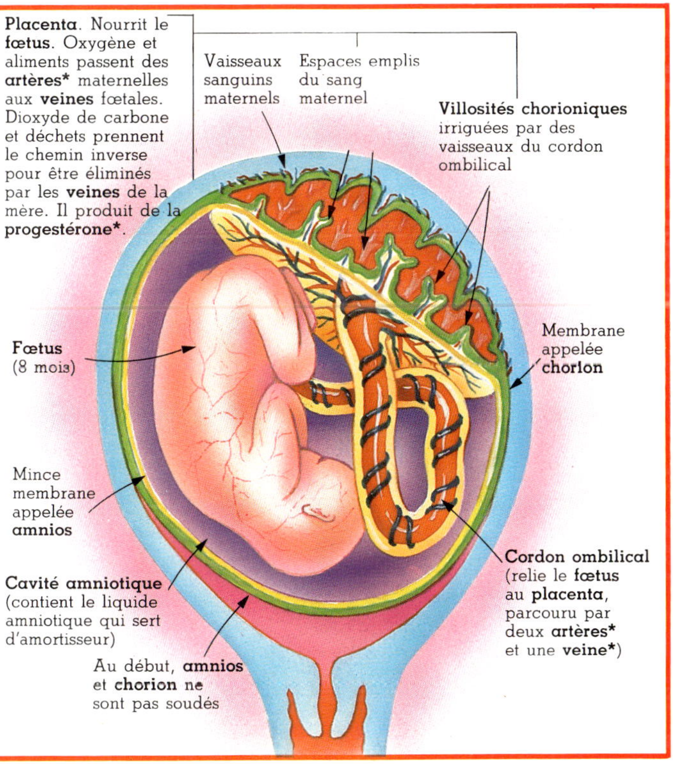

***Artères**, 60; **Méiose**, 93 (embryon); **Trompes de Fallope**, 89; **Noyau**, 10; **Ovaires**, 89; **Pénis**, 88; **Progestérone**, 106; **Prostate**, **Vésicules séminales**, **Canal déférent**, **Testicules**, 88; **Urètre**, 73; **Utérus**, **Vagin**, 89; **Veines**, 60; **Zygote**, 93.

Types de reproduction

La **reproduction**, formation d'un nouvel individu, s'observe chez tous les êtres vivants. Il en existe deux types : la reproduction sexuée et la reproduction asexuée. L'**alternance des générations** en est une forme très particulière.

Reproduction asexuée

• C'est la forme la plus simple de reproduction qui se rencontre chez de nombreuses plantes et animaux primitifs. Elle est assurée par plusieurs procédés différents, la **division binaire***, la **reproduction végétative***, le **bourgeonnement** et la **sporulation** mais qui ont deux caractères communs : un seul parent est nécessaire ; le nouvel individu est identique à ce parent.

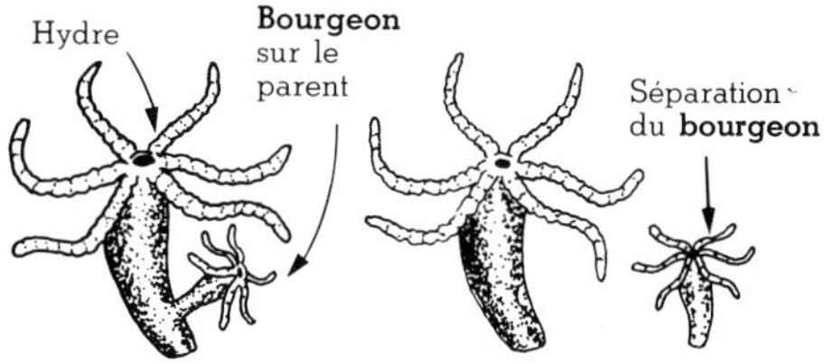

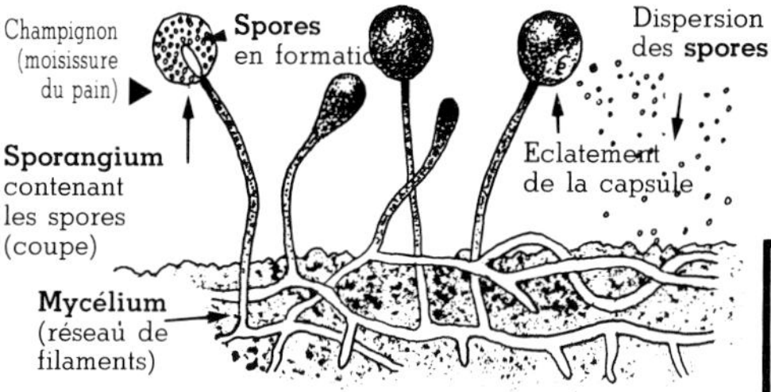

• **Sporulation**. C'est la production de **spores** par certaines plantes simples, comme les champignons et les mousses. Par division cellulaire simple (**mitose***), un seul individu produit des spores qui, dispersées par le vent et la pluie, donnent naissance à des individus identiques à leur unique parent. Mais de nombreuses mousses et fougères produisent en plus un autre type de spores par **reproduction sexuée** : les plantes qui en sortent sont différentes de leurs parents (voir **alternance des générations**).

• **Bourgeonnement** (appelé **gemmation** chez les plantes). Il se rencontre chez les animaux et les plantes très primitifs. Il consiste en la formation d'un bourgeon cellulaire qui va se différencier en un autre individu. Celui-là, soit se détache de son parent comme chez les hydres, soit reste fixé à lui : de nombreux individus ainsi associés constituent peu à peu une **colonie*** animale, comme les coraux.

Reproduction sexuée

• C'est le type de reproduction rencontré chez toutes les plantes à fleurs et la plupart des animaux. Il implique la **fusion** de deux **gamètes** de sexes opposés. Cette fusion s'appelle la **fécondation** et est décrite page 30 (plantes), page 91 (humains et animaux similaires) et page 48 (autres animaux). Chaque gamète n'a que la moitié (**nombre haploïde***) des **chromosomes*** de l'individu parental. Cela est dû à une division cellulaire très particulière : la **méiose**. Le nouvel individu résultant de la fusion des deux gamètes possède le **nombre diploïde*** de chromosomes, caractéristique de l'espèce.

***Division binaire**, 12 ; **Chromosomes**, 96 ; **Colonies**, 114 ; **Nombre diploïde, Mitose**, 12 ; **Nombre haploïde, Méiose**, 94 ; **Reproduction végétative**, 34.

- **Alternance des générations.** Processus de reproduction rencontré chez des animaux simples (méduses) et de nombreuses plantes. Chez les mousses, de manière cyclique, une génération d'individus revêt un aspect particulier (sporophytes) et se reproduit d'une certaine manière ; à la génération suivante, les individus ont un autre aspect (gamétophytes) et se reproduisent d'une seconde manière.

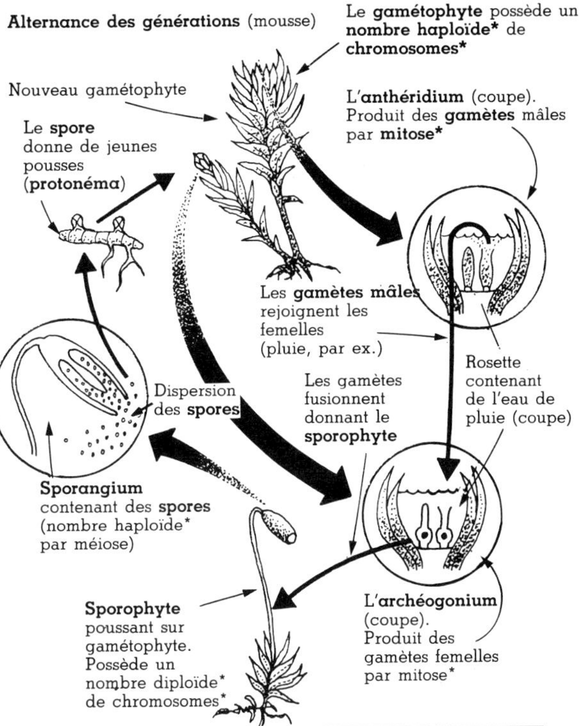

- **Gamètes**. Ce sont les cellules sexuelles qui se réunissent dans la **reproduction sexuée** pour former le nouvel individu. Ils sont produits par un processus particulier de division. Chez les plantes simples et les animaux, les gamètes mâles s'appellent **spermatozoïdes**. Chez les plantes à fleurs, ce sont de simples **noyaux***, dits **noyaux mâles** ou **anthérozoïdes**. Les gamètes femelles sont appelés **ovules** ou **œufs**. Un spermatozoïde est plus petit qu'un ovule et possède une queue ou **flagelle***.

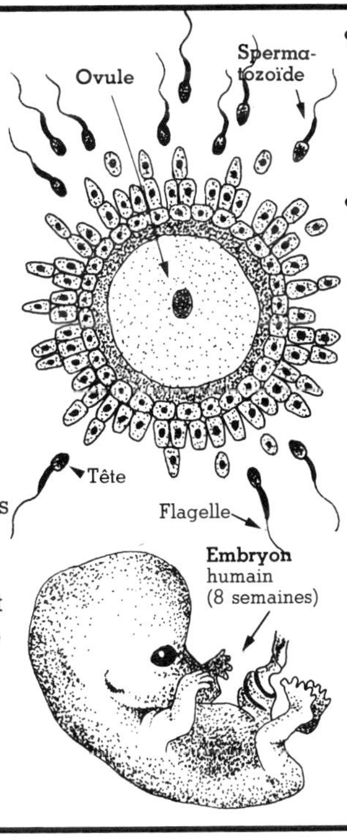

- **Zygote**. C'est la première cellule du nouvel individu. Il est formé par la réunion d'un **gamète** mâle et d'un gamète femelle.
- **Embryon**. Nouvel individu en cours de développement. Il grandit grâce à d'innombrables divisions cellulaires. Chez l'être humain, le **zygote** donne d'abord une masse arrondie de cellules, la morula, qui grossit, se creuse et devient le **blastocyste**. Dès l'**implantation*** de celui-ci dans l'utérus, il prend le nom d'embryon. Lors du développement, les cellules de l'embryon se différencient en types cellulaires particuliers (neurones, par ex.).

***Chromosomes**, 96 ; **Nombre diploïde, Mitose**, 12 ; **Flagelle**, 40 ; **Nombre haploïde, Méiose**, 94 ; **Implantation, Fécondation**, 91 ; **Noyau**, 10.

Division cellulaire

De nombreuses cellules vivantes peuvent se diviser (mitose) pour produire de nouvelles cellules (croissance ou remplacement). Mais il existe un second type de division cellulaire très particulier qui donne les **gamètes*** nécessaires à la **reproduction sexuée*** (et aussi l'un des deux types de **spore***). Dans ce type de division, on donne le nom de **méiose** à la division du **noyau***. La production des gamètes, y compris la division cellulaire et la maturation de ces gamètes, est appelée la **gamétogenèse**.

- **Méiose**. Division du **noyau*** d'une cellule, destinée à produire des cellules sexuelles. Cette division permet d'aboutir à des **cellules-filles** qui ont exactement la moitié du nombre des chromosomes (**nombre haploïde**) de celui de la cellule-mère (**nombre diploïde**). Cette réduction chromosomique est le résultat de deux divisions méiotiques successives suivies chacune de la division du **cytoplasme***. La première méiose est dite **réductionnelle**.
Ces divisions se déroulent en 4 phases (voir mitose* page 12).

Première division méiotique

Schémas représentant une cellule animale, dont seulement 4 **chromosomes** sont montrés

Début de la prophase

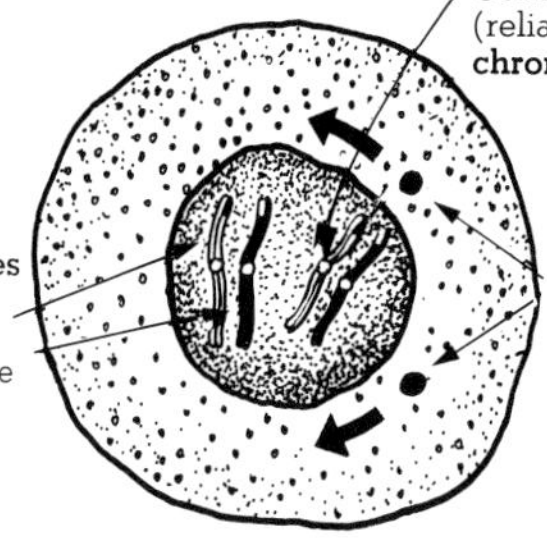

Les filaments de **chromatine*** dans le **noyau*** s'enroulent pour former les **chromosomes***. Les paires de chromosomes dits **homologues** se collent côte à côte, formant des paires dites **bivalentes**. Chaque chromosome se clive en une paire de **chromatides**, un groupe de 4 chromatides s'appelle **tétrade**. Chacun des deux **centrioles*** se déplace vers un pôle de la cellule.

Phase d'échange

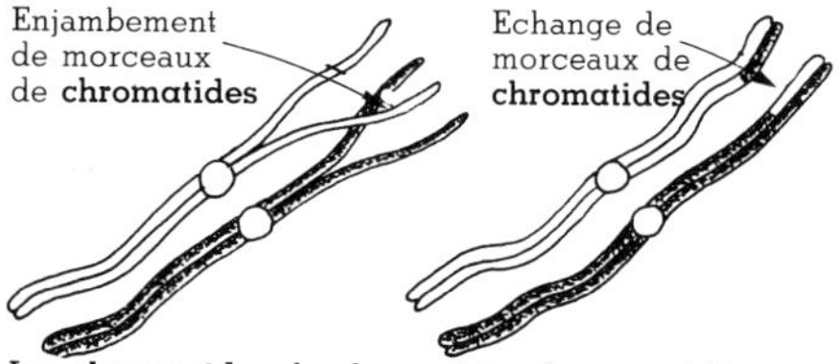

Les **chromatides** de chaque **tétrade** passent l'une sur l'autre en des points bien précis, les **chiasma**. Les morceaux de chaque paire venant au contact s'échangent, ce qui assure au futur nouvel individu de ne jamais être parfaitement identique à ses parents.

Fin de la prophase

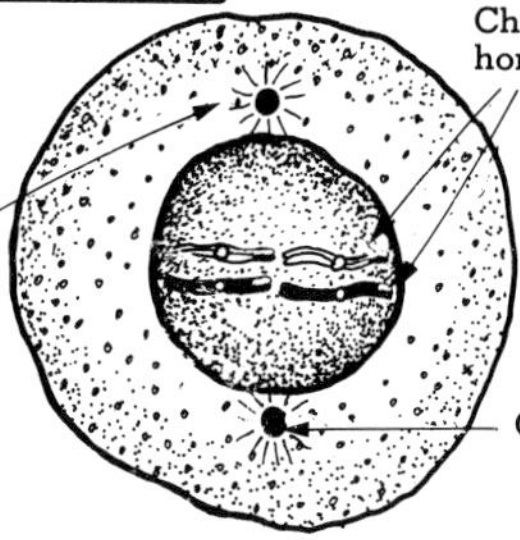

Les **chromosomes homologues** (chacun une paire de **chromatides**) se déplacent ensemble vers l'équateur de la cellule.

Métaphase

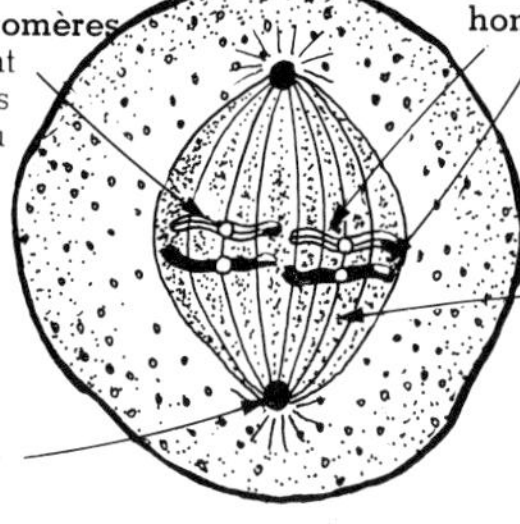

La **membrane nucléaire*** disparaît, les 2 **centrioles** forment un **fuseau**. Les **chromosomes*** (paires de **chromatides**) s'attachent au fuseau par leurs **centromères**.

***Aster**, 13; **Centriole**, 12; **Chromatine**, **Noyau**, 10; **Chromosomes**, 96; **Cytoplasme**, 10; **Gamètes**, 93; **Mitose**, 12; **Membrane nucléaire**, 10; **Reproduction sexuée**, 92; **Spores**, **Sporulation**, 92.

Anaphase

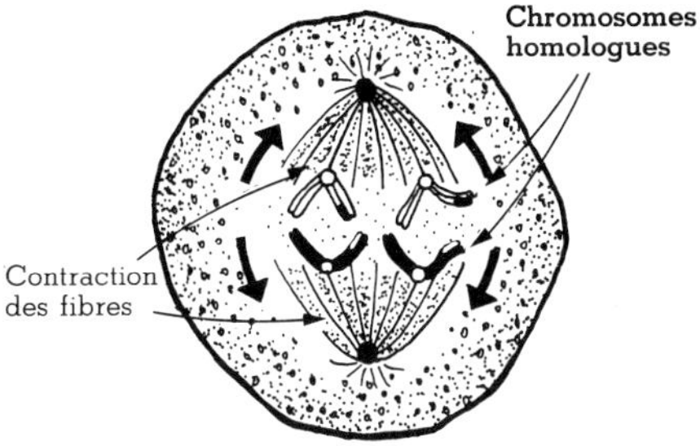

Les chromosomes **homologues** se séparent, tirés vers les pôles par les fibres du fuseau.

Télophase

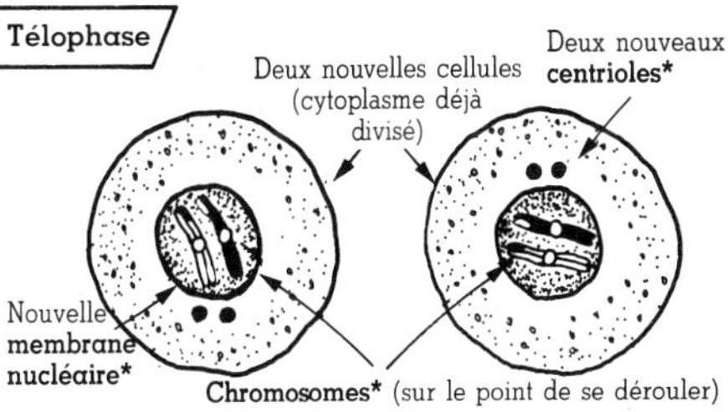

Le **fuseau** s'estompe, les **centrioles*** se dédoublent en même temps que se produit la **cytokinèse** (division du **cytoplasme***). Deux cellules-filles sont nées, chacune possédant la moitié des **chromosomes** de la cellule-mère. Cela est suivi de l'**interphase*** au cours de laquelle les membranes nucléaires* se reforment et les chromosomes se déroulent pour reformer des filaments de **chromatine***.

Seconde division meïotique

Elle a lieu dans les cellules produites par la **première division méiotique**. La division du noyau, suivie d'une cytokinèse ressemble à une **mitose*** à la différence près que le noyau ne possède qu'un **nombre haploïde de chromosomes*** (voir méiose) de même que les nouvelles cellules sexuelles produites (gamètes*). Celles-ci évoluent et mûrissent différemment selon qu'il s'agit de cellules mâles ou femelles, de plantes ou d'animaux.

Production d'un **gamète** mâle

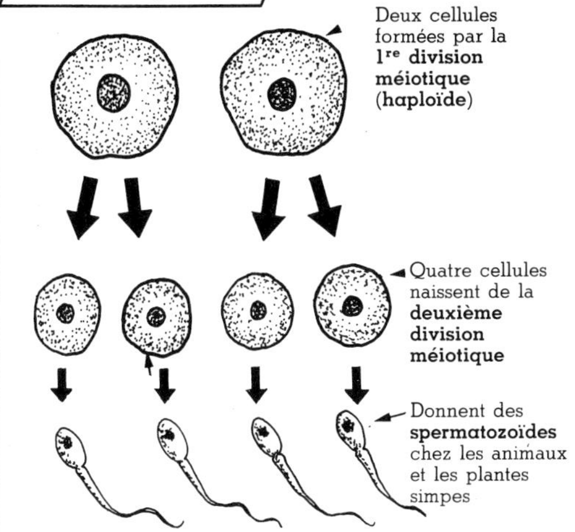

Deux cellules formées par la **1re division méiotique** se divisent de nouveau (**2e division méiotique**). Chez les animaux, les quatre cellules résultantes (**spermatides**) mûrissent pour donner les **gamètes*** mâles ou **spermatozoïdes**. Chez les plantes simples, ces quatre nouvelles cellules donnent soit des gamètes soit des **spores*** participant au processus de l'**alternance des générations***. Chez les plantes à fleurs, les noyaux* des 4 cellules se divisent de nouveau (**mitose***). Les cellules qui en résultent (**grains de pollen***, par ex.) ont chacune deux noyaux dont l'un se divisera plus tard pour donner deux noyaux **mâles***.

Production d'un **gamète** femelle

Deux cellules haploïdes formées par la 1re division méiotique.

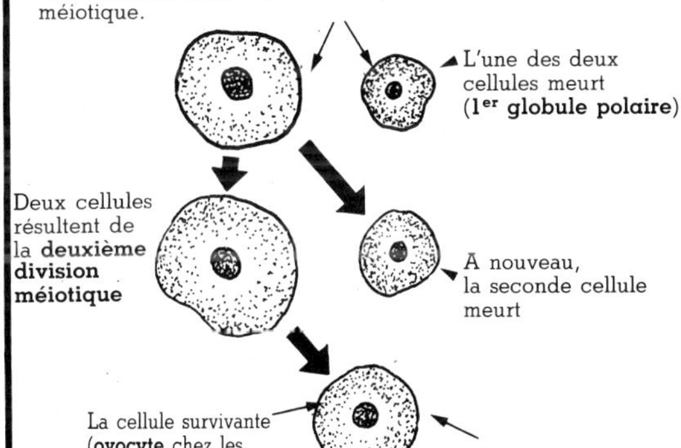

L'une des deux cellules formées par la **1re division méiotique**, appelée **premier globule polaire**, meurt. L'autre se divise de nouveau (2e division méiotique) et de nouveau l'une des deux nouvelles cellules produites meurt (**second globule polaire**). Chez les animaux, la cellule survivante ou (ovocyte) mûrit et devient **gamète*** femelle ou ovule. Chez les plantes à fleurs, la survivante s'appelle **sac embryonnaire** et son **noyau*** se divise trois fois par **mitose***. Des 8 nouveaux noyaux, 6 font partie de cellules normales et les 2 autres restent « nus », sans cytoplasme. Une des 6 cellules donnera le gamète femelle, ou **œuf** (cf. **ovule**, page 30). Chez les plantes simples, le processus est comparable.

* **Alternance des générations**, 93; **Centrioles**, 12; **Chromatine**, 10; **Chromosomes**, 96; **Cytoplasme**, 10; **Gamètes**, 93; **Interphase**, 13; **Noyau mâle**, 93; **Mitose**, 12; **Membrane nucléaire**, 10; **Pollen**, 30; **Spores**, 92.

Génétique et hérédité

La **génétique** est une des branches de la biologie. C'est l'étude de la **transmission** des caractères d'une espèce, d'une génération à la suivante. Les éléments chargés de cette fonction sont les **chromosomes**. Chacun d'eux est porteur de **gènes**, où sont inscrites de manière codée toutes les données physiques d'un organisme (voir page 98 à ce sujet).

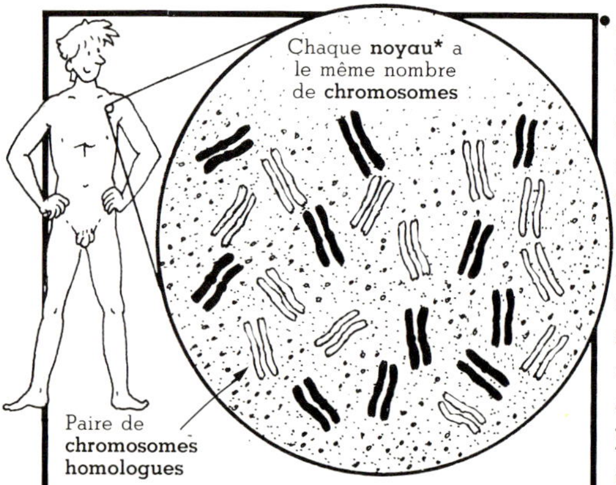

- **Chromosomes**. Eléments permanents du **noyau*** de toute cellule, qui ne deviennent visibles sous forme de corpuscules de formes et de tailles diverses qu'au moment de la division de la cellule lorsque celle-ci a été colorée. Chacun est composé d'une seule molécule d'**ADN**, et de protéines appelées **histones**.

  Chaque **espèce*** vivante possède un nombre caractéristique de chromosomes (**nombre diploïde**), agencés par paires de **chromosomes homologues**. L'homme en possède 46.

- **Acides nucléiques**. De deux types : l'**ADN** (**acide désoxyribonucléique**) et l'**ARN** (**acide ribonucléique**). On les trouve tous les deux dans le **noyau*** (d'où leur nom) de toutes les cellules et dans les **ribosomes** du **cytoplasme***, pour ce qui est de l'ARN. Les molécules d'acide nucléique sont de très grande taille et composées de nombreux éléments, les **nucléotides**. Une molécule d'ADN est composée de deux chaînes de nucléotides enroulées l'une autour de l'autre (**double hélice**) ressemblant à une échelle tordue (voir schéma). Une molécule d'ARN est composée d'une seule chaîne de nucléotides (un seul montant de l'échelle).

Structure des **acides nucléiques**

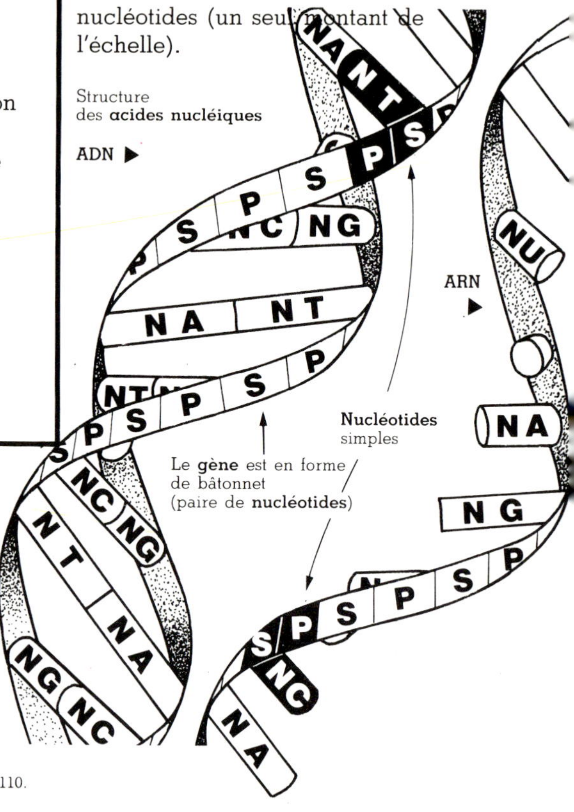

N = **Base azotée** complexe d'atomes d'azote, de carbone, d'hydrogène et d'oxygène). 5 types :
A = **adénine**, T = **thymine** (toujours associés dans l'**ADN**)
G = **guanine**, C = **cytosine** (toujours associés dans l'**ADN**)
U = **uracil** (seulement dans l'**ARN**, remplace la thymine dans l'**ADN**)
S = **sucre** (complexe d'atomes de carbone, d'hydrogène et d'oxygène). **Désoxyribose** dans l'**ADN**, **ribose** dans l'**ARN**.
P = **phosphates***

***Cytoplasme**, **Noyau**, 10 ; **Phosphates**, 105 ; **Espèces**, 110.

• **Gènes**. Instructions codées composant la molécule d'**ADN** (chez l'homme, une molécule d'ADN peut contenir environ 1000 gènes). Chaque gène est une séquence d'environ 250 nucléotides et protéines reliés entre eux dont l'ordre d'agencement caractérise chaque gène. Chaque gène est donc une unité codant chacun un caractère particulier de l'organisme considéré. A l'exception des **chromosomes sexuels**, les gènes portés par des **chromosomes homologues** vont eux-mêmes par paires (un membre sur chaque chromosome). Ces paires de gènes concernent le même caractère et peuvent donner des instructions semblables. Toutefois, leurs instructions peuvent aussi être dissemblables, auquel cas les instructions de l'un des gènes (**dominant**) occulteront celles du second (**récessif**), sauf dans le cas d'une **dominance partagée** ou d'une « **codominance** ». Deux gènes non identiques (dominant + récessif) d'une même paire sont dits **allèles**.

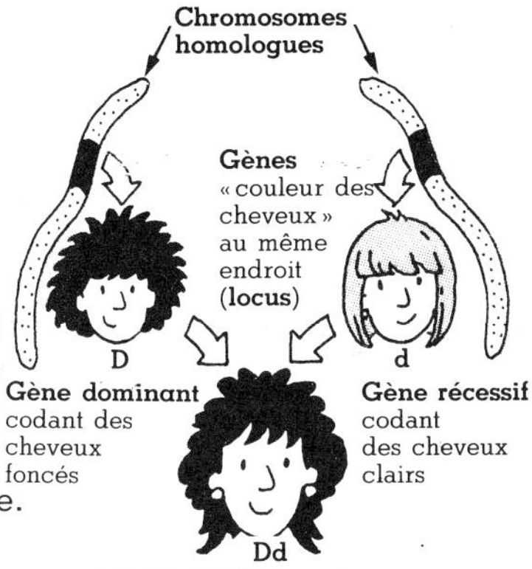

Individu **hétérozygote** (instructions différentes)

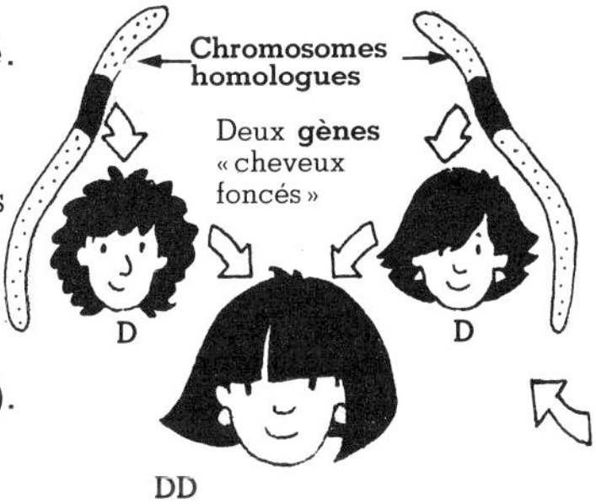

Individu **homozygote** (instructions identiques)

Les deux exemples présentent des **génotypes** « couleur des cheveux » différents (DD pour l'un, Dd pour l'autre) mais les phénotypes sont les mêmes (même couleur foncée résultante).

• **Codominance**. Situation particulière où deux **gènes** commandant le même caractère donnent, chacun, des instructions différentes. Aucun n'est **dominant** et chacun est représenté sur l'individu. Le **groupe sanguin*** AB, chez l'homme, est un exemple typique de la codominance entre un gêne « groupe A » et un gène « groupe B ».

• **Dominance partagée**. Situation d'une paire de **gènes** contrôlant le même caractère donnant des instructions différentes sans qu'aucune soit clairement **dominante**. C'est ce que l'on trouve par ex. dans les cheveux d'une couleur intermédiaire.

• **Chromosomes sexuels**. Constituent une paire particulière de **chromosomes homologues** existant dans chaque cellule (les autres sont appelés **autosomes**). Il en existe deux types : les **chromosomes X et Y**. L'individu mâle possède un X et un Y. Le chromosome Y porte le facteur génétique déterminant le caractère mâle, c'est pourquoi la présence de deux chromosomes sexuels X est la caractéristique des femelles.

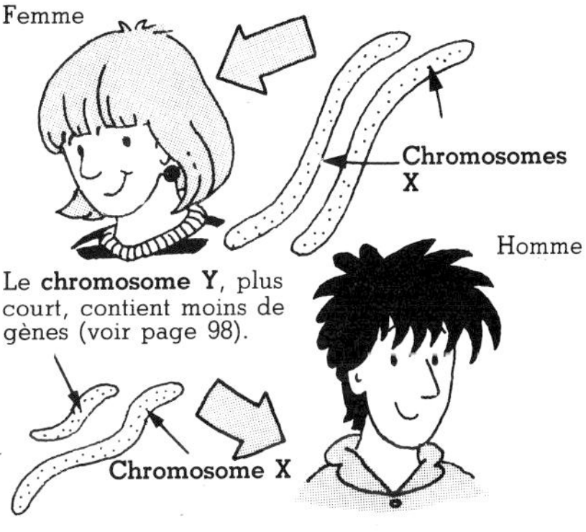

*Groupe sanguin, 59 ; Hormones, 106.

Hérédité génétique

Chaque nouvel individu reçoit ses **chromosomes*** (et ses **gènes***) de ses parents). Dans la **reproduction sexuée***, le **spermatozoïde*** et l'**ovule*** qui s'unissent pour donner ce nouvel individu n'ont que la moitié (**nombre haploïde**) du nombre normal de leurs chromosomes (**nombre diploïde**). Cela assure au **zygote*** formé par la réunion des 2 cellules sexuelles, un nombre normal de **chromosomes**. Deux lois (**lois de Mendel**) expliquent le processus d'hérédité génétique dans la reproduction par cellules sexuelles.

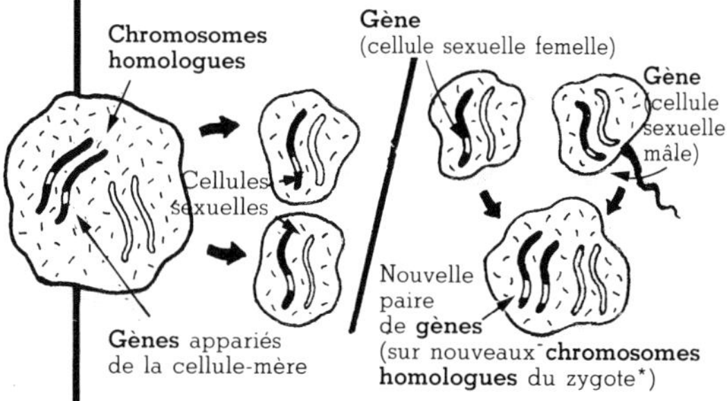

• **Loi de disjonction des caractères** (**1re loi de Mendel**). Les **chromosomes homologues*** se séparent toujours lorsque le **noyau*** d'une cellule se divise pour donner des **gamètes***, de sorte qu'il en est de même pour les paires de **gènes*** contrôlant le même caractère. Le nouvel individu hérite donc toujours de paires de gènes dont chacun vient d'un des deux parents.

• **Loi d'assortiment libre (2e loi de Mendel)**. Chaque membre d'une paire de **gènes*** peut s'associer à n'importe quel autre membre d'une autre paire quand une cellule se divise pour former des **gamètes***. De la sorte, les nouveaux individus peuvent présenter toutes les combinaisons possibles.

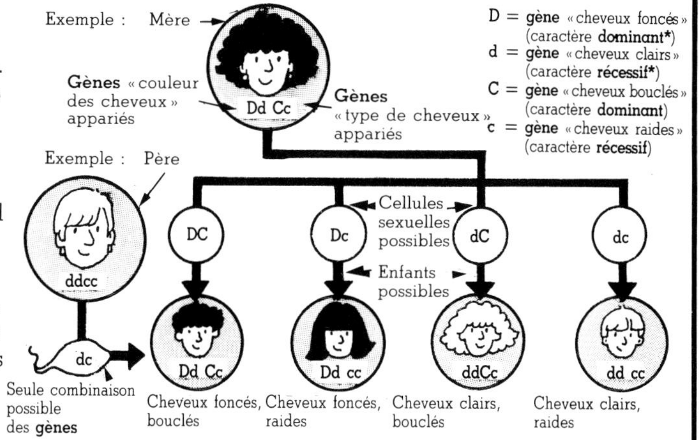

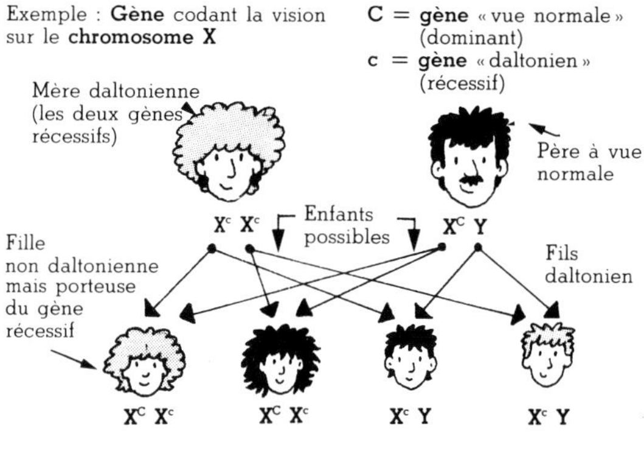

• **Hérédité liée au sexe**. Les 2 **chromosomes sexuels* X** de la femme contiennent de nombreuses paires de **gènes*** comme tout autre **chromosome***, mais le **chromosome sexuel Y** de l'homme est dépourvu de la plupart des gènes présents chez son partenaire X. C'est pourquoi, les gènes **récessifs*** du chromosome X se manifesteront plus souvent chez les mâles. Certains gènes et caractères sont dits « liés au sexe ».

*__Chromosomes homologues__, 96 ; **Noyau**, 10 ; **Ovule**, 93 ; **Caractères récessif et dominant**, 97 ; **Gènes**, 97 ; **Reproduction sexuée**, 92 ; **Spermatozoïde**, 93 (gamètes) ; **Chromosomes X et Y**, 97 ; **Zygote**, 93.

Mouvement des liquides du corps

Les mouvements des substances dans le corps sont essentiels à la vie d'un organisme. Les aliments doivent pouvoir entrer dans les cellules et les déchets et matières toxiques doivent pouvoir en sortir. La plupart des gaz et des matières solides se déplacent sous forme de **solutions** (substance ou **soluté** + eau (en général) ou **solvant**).

- **Diffusion**. C'est le mouvement des molécules d'une substance d'une région où leur concentration est forte vers une région où leur concentration est plus faible. C'est un mouvement dans les deux sens : quand la concentration du **soluté** est faible, celle du **solvant** est forte et ses molécules vont se déplacer dans l'autre sens. Le mouvement s'arrêtera lorsque l'équilibre des molécules sera réalisé. De nombreuses substances diffusent à travers les cellules (par ex. l'oxygène et le dioxyde de carbone).

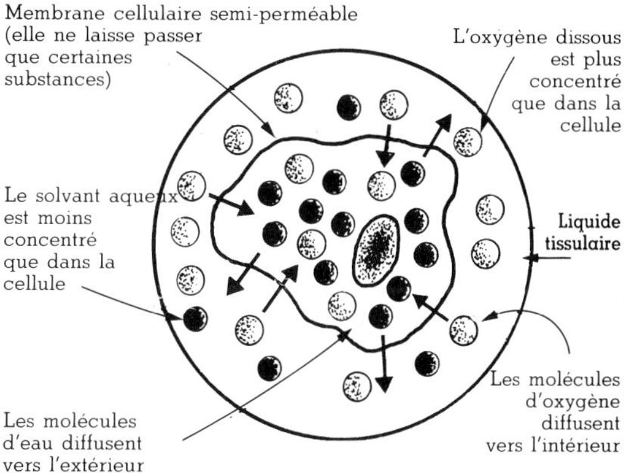

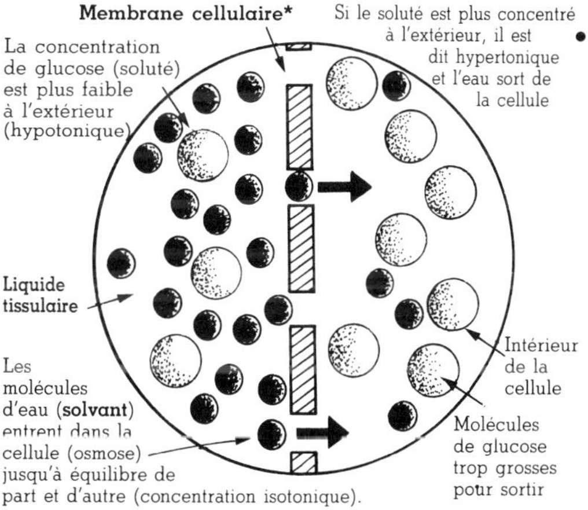

- **Osmose**. Mouvement des molécules d'un **solvant** à travers une membrane **semi-perméable** de manière à abaisser la concentration du soluté de l'autre côté et équilibrer la concentration de chaque côté de la membrane. C'est un type de diffusion qui s'effectue lorsque les molécules du **soluté** ne peuvent franchir la paroi cellulaire. La **pression osmotique** est celle exercée dans un espace clos (cellule, par ex.) par la pénétration d'un **solvant**.

- **Transfert actif**. Déplacement au travers d'une membrane vivante d'une substance dans la direction inverse de celle de la **diffusion** naturelle (par ex. absorption cellulaire de grosses quantités de glucose énergétique). Le processus n'est pas encore complètement compris mais il semble que des molécules spécialisées dans le transport des substances fassent le va-et-vient entre l'intérieur et l'extérieur de la **membrane cellulaire***. Une telle activité contrariant la tendance naturelle de l'organisme nécessite une dépense d'énergie. Celle-ci est fournie par l'**ATP***.

- **Pinocytose**. Admission d'une goutelette de substance liquide par l'invagination de la **membrane cellulaire*** et création d'une **vacuole*** interne. La plupart des cellules sont capables de la pratiquer.

***ATP**, 105 ; **Membrane cellulaire**, 10 ; **Liquide tissulaire**, 64 ; **Vacuoles**, 10.

La nutrition et son utilisation

La nutrition est une fonction vitale de l'organisme à qui elle procure tout ce qui est nécessaire pour fabriquer son énergie, contrôler ses activités cellulaires, assurer sa croissance et réparer les tissus endommagés. La nourriture comporte les aliments (**hydrates de carbone, protéines et graisses**), les **sels minéraux**, les **vitamines** (les plantes n'en ont pas besoin) et l'eau. Les plantes absorbent de l'eau et des sels minéraux à partir desquels elles fabriquent leurs aliments.

• **Hydrates de carbone**. Substances constituées de carbone, d'hydrogène et d'oxygène et dont les variétés sont extrêmement diverses et plus ou moins complexes. Chez les animaux, les hydrates de carbone complexes sont absorbés et transformés par digestion (voir tableau pages 108-109) en **glucoses** simples. La transformation du glucose (**respiration cellulaire***) procure pratiquement toute l'énergie nécessaire aux activités vitales. Les plantes fabriquent leur glucose à partir d'autres substances (voir **photosynthèse**, page 26).

• **Protéines**. Substances constituées d'éléments plus simples, les **acides aminés**. Elles contiennent du carbone, de l'hydrogène, de l'oxygène, de l'azote et parfois, du soufre. La plupart des molécules de protéines sont formées de centaines, peut-être même de milliers, d'acides aminés reliés entre eux par des **liaisons peptidiques** et formant une ou plusieurs chaînes de **polypeptides***. Les nombreuses variétés de protéines ont chacune leur propre agencement d'acides aminés. Elles comprennent les **protéines de structure** (composants de base des cellules) et les **protéines catalytiques** ou **enzymes*** qui jouent un rôle capital dans la régulation des activités cellulaires.

Les plantes fabriquent leurs acides aminés puis leurs protéines à partir des substances qu'elles absorbent (voir **photosynthèse***). Les animaux absorbent les protéines et les transforment par digestion en acides aminés constitutifs simples (voir tableau pages 108-109). Ceux-là sont ensuite transportés par le sang dans les cellules où ils sont réassemblés en protéines (voir **ribosomes***).

• **Graisses**. Substances constituées de carbone, d'hydrogène et d'une faible proportion d'oxygène.
Les plantes fabriquent leurs graisses à partir des substances absorbées et en stockent la majeure partie dans leurs graines. Ces graisses peuvent être transformées en **glucose** excédentaire, comme énergie de croissance, par ex. Chez les animaux, la digestion des graisses produit des **acides gras** et du **glycérol**. Si nécessaire, ceux-là sont utilisés et transformés dans le foie qui les convertit en substances qui rejoignent le processus d'assimilation du glucose. Les acides gras et le glycérol non utilisés pour produire de l'énergie sont immédiatement recombinés en particules de graisses, stockées dans diverses régions du corps comme la peau, par ex.
(voir **couche sous-cutanée**, page 82).

*Enzymes, 103; Respiration cellulaire, 104; Polypeptides, 109; Photosynthèse, 26; Ribosomes, 11.

• **Vitamines**. Bien qu'en quantités infimes, substances indispensables aux animaux. Le rôle principal de nombreuses vitamines est d'agir comme **co-enzymes***, aidant les **enzymes*** à catalyser les réactions chimiques. Voir page 109, liste des vitamines et de leurs fonctions.

• **Sels minéraux**. Eléments chimiques simples (phosphore, calcium, par ex.). Constituants essentiels du tissu végétal et animal. Certains agissent également comme des **co-enzymes***. Ceux qui comme le cuivre ou l'iode sont présents en quantités très faibles sont appelés **oligo-éléments**.

• **Cellulose**. Aliment fibreux (son des céréales, par ex.) principalement constituée d'**hydrate de carbone** formant les **parois cellulaires*** des végétaux. Au contraire de la majorité des autres hydrates de carbone, elle n'est pas assimilée par la plupart des animaux, dont l'homme, qui ne possèdent pas l'**enzyme digestive*** appropriée, la **cellulase**. Non absorbée, la cellulose, grâce à sa structure fibreuse, facilite l'avance du bol alimentaire dans le tube digestif. Les **ruminants** qui ne mangent que des végétaux font digérer la cellulose par des bactéries. En revanche, les escargots possèdent de la cellulase.

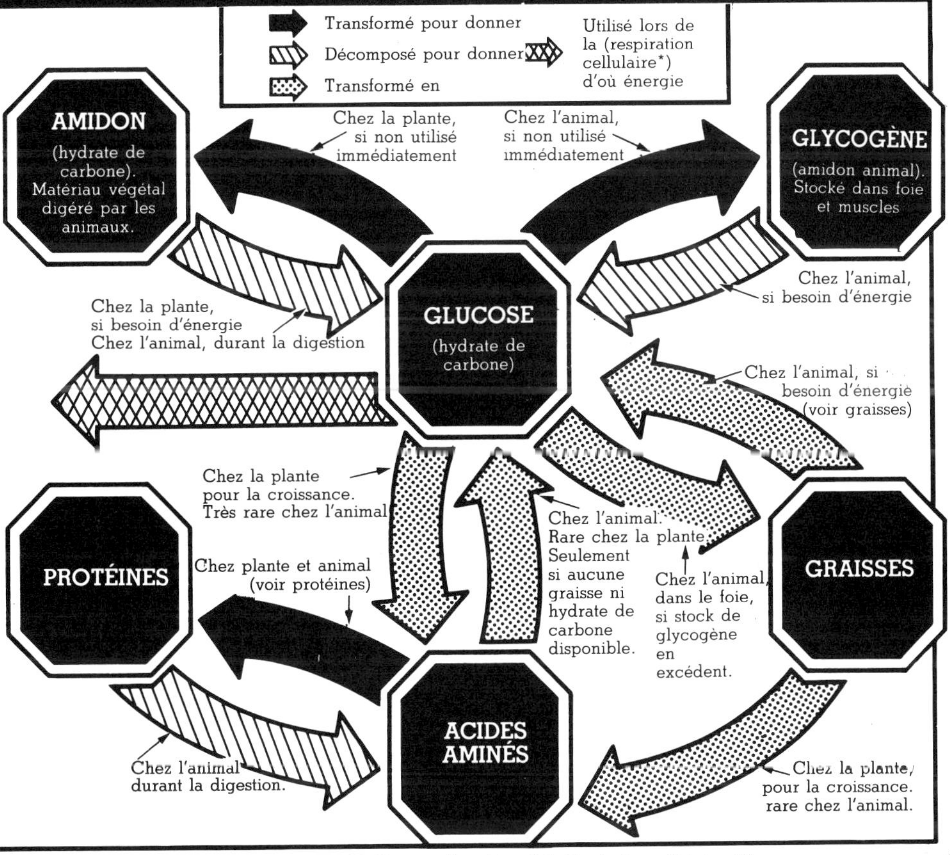

*__Paroi cellulaire__, 10; __Co-enzymes, Enzymes__, 103; __Enzymes digestives__, 108; __Respiration cellulaire__, 104.

Le métabolisme

Ce terme recouvre l'ensemble des réactions chimiques complexes et interdépendantes qui se produisent au sein de l'organisme. Celles-ci peuvent être classées en deux grandes séries de réactions : le **catabolisme** et l'**anabolisme**. Elles évoluent en réponse aux variations de l'environnement externe et interne de l'organisme et jouent un rôle de premier plan dans le maintien des conditions de l'équilibre interne (voir **homéostasie**, page 105).

• **Catabolisme**. Terme regroupant les réactions de transformation de substances complexes en substances plus simples (**réactions de décomposition**) au cours de la digestion chez l'animal par exemple ou lors de la **respiration cellulaire***. Le catabolisme est toujours libérateur d'énergie : dans la digestion, cette énergie se transforme surtout en chaleur mais dans la respiration cellulaire, elle permet les diverses activités corporelles.
Mais, comme toute réaction chimique, le catabolisme exige une certaine quantité d'énergie.
Celle-ci provient des réactions chimiques. Malgré ce fait, le bilan énergétique du catabolisme est toujours positif.

• **Anabolisme**. Terme regroupant les réactions qui aboutissent à la synthèse des substances dans l'organisme (**réactions de synthèse**). Exemple : la réunion de plusieurs acides aminés pour former des protéines. L'anabolisme est gros consommateur d'énergie car les petites quantités produites durant les réactions ne suffisent jamais à les entretenir. Le bilan énergétique de l'anabolisme est donc toujours déficitaire et l'énergie nécessaire provient des réactions du **catabolisme**.

• **Niveau métabolique**. Mesure le bilan général des réactions métaboliques au sein d'un organisme. Chez l'être humain, ce niveau varie beaucoup d'un individu à l'autre et chez le même individu également, selon les conditions. Il augmente sous l'effort physique ou mental et lorsque la température du corps s'élève. C'est pourquoi la mesure de ce niveau chez un individu n'est valable qu'en condition de repos, à température corporelle normale et sans activité physique intense. C'est ce que l'on appelle le **métabolisme basal (MB)**, exprimé en **calories** (ou **kilojoules**) par mètre carré de surface corporelle par heure (voir calculs, page opposée).

Les personnes à niveau métabolique basal élevé peuvent manger énormément sans prendre de poids car leur **catabolisme** cellulaire est trop intense pour que beaucoup de graisses soit stockée. Cette intensité de réactions cataboliques produit souvent une énergie excédentaire (inutilisée par l'**anabolisme**) qui donne à ces personnes une apparence plus « dynamique ». A l'inverse, celles à faible taux métabolique prennent plus facilement du poids et ne sont pas aussi « énergiques ».

Le taux métabolique est influencé par un certain nombre d'**hormones***, particulièrement l'**hormone somatotrope**, la **thyroxine**, l'**adrénaline** et la **noradrénaline**.

*Hormones, 106 ; Respiration cellulaire, 104.

• **Calorie.** Unité de mesure de l'énergie calorifique. La **petite calorie (c)** mesure la quantité d'énergie nécessaire pour élever la température d'1 g d'eau de 1 degré. La grande calorie (C) est égale à 1000 petites calories (**kilocalorie**) ou encore nécessaire à élever la température d'1 l d'eau de 1 degré. C'est l'unité d'énergie la plus utilisée en biologie car dans ce domaine, de grosses quantités d'énergie calorifique sont en jeu. De plus en plus souvent on utilise de nos jours une autre unité de mesure, le **kilojoule** (1 C = 4,2 kilojoules).

Méthode de calcul du **métabolisme basal** (**MB** = C/m²/h)

Données révélées par l'utilisation d'un appareil : le calorimètre)
1. Lorsque 1 litre d'oxygène est consommé pour décomposer des hydrates de carbone, il se produit en contrepartie environ 5,05 kilocalories soit l'énergie nécessaire pour élever de 1° la température de 5050 g d'eau.
2. Décomposition de graisses, 1 l d'oxygène = env. 4,7 C
3. Décomposition de protéines, 1 l d'oxygène = env. 4,6 C.

La décomposition d'un mélange en quantité égale des 3 aliments consommant 1 l d'oxygène produit 4,78 C (moyenne des 3 chiffres ci-dessus).

Mesure à l'aide du spiromètre de l'oxygène consommé par le sujet en un temps donné.

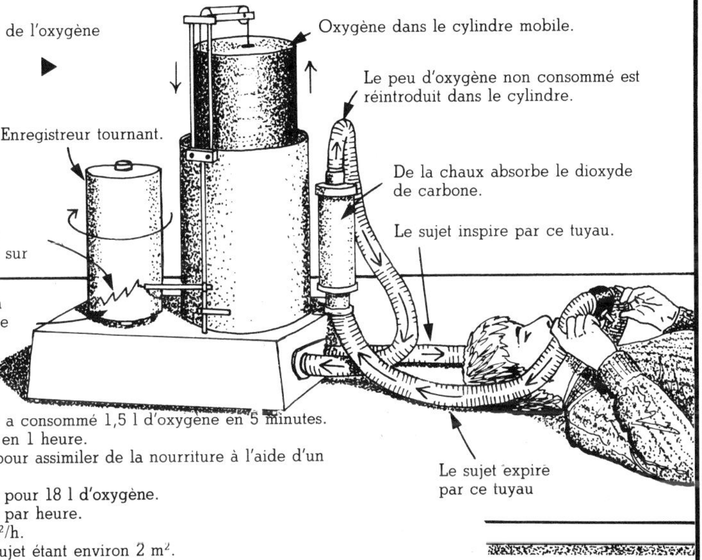

Exemple de chiffres :
1. D'après la mesure, le sujet a consommé 1,5 l d'oxygène en 5 minutes.
2. Il en consomme donc 18 l en 1 heure.
3. (connu) 4,78 C produites pour assimiler de la nourriture à l'aide d'un litre d'oxygène.
4. Il produirait donc 86,04 C pour 18 l d'oxygène.
5. Il produirait donc 86,04 C par heure.
6. Le MB est calculé en C/m²/h.
7. La surface corporelle du sujet étant environ 2 m².
8. MB = 86,04 C divisé par 2 m² = 43,02 C/m²/h.

• **Enzymes. Protéines** particulières (dites **catalytiques**) que l'on rencontre dans tous les organismes vivants et indispensables aux réactions chimiques. Elles agissent comme **catalyseurs**, c'est-à-dire qu'elles favorisent et accélèrent les réactions sans en être elles-mêmes affectées. De nombreuses enzymes sont elles-mêmes aidées par des **co-enzymes** dont les molécules sont capables de préparer les produits d'une réaction pour la suivante. Il existe une grande variété d'enzymes, les **enzymes digestives**, par ex. qui se chargent de décomposer des substances complexes en d'autres beaucoup plus assimilables, ou les **enzymes respiratoires** qui se chargent de la décomposition de ces substances simples au sein des cellules pour libérer finalement de l'énergie (par ex. dans la **respiration cellulaire***).

***Respiration cellulaire**, 104.

Energie vitale et homéostasie

Un être vivant exige de l'énergie pour ses activités. Cette énergie vient d'une série de réactions chimiques au sein de ses cellules appelée **respiration interne**, **respiration tissulaire** ou **respiration cellulaire**. Les cellules contiennent un certain nombre de substances alimentaires simples qui sont le résultat de la digestion chez les animaux et de la **photosynthèse*** chez les plantes. Ces substances constituent toutes de l'énergie en réserve qui sera libérée si nécessaire par la respiration cellulaire. Dans la majorité des cas, c'est le glucose qui est la substance énergétique principale (voir hydrates de carbone et diagramme, pages 100-101). Il existe deux types de respiration cellulaire : les **respirations aérobie et anaérobie**.

• **Respiration anaérobie. Respiration cellulaire** qui ne nécessite pas d'oxygène libre. Elle a lieu dans les cellules de tous les organismes et libère très peu d'énergie. Dans la plupart des organismes, elle consiste en une série de réactions chimiques appelée **glycolyse** qui décompose le glucose en **acide pyruvique**. En temps normal, cette glycolyse est immédiatement suivie d'une **respiration aérobie** qui décompose cet acide toxique en présence d'oxygène. C'est cette oxydation qui libère le plus gros de l'énergie. Des conditions anormales, toutefois, peuvent empêcher cette respiration aérobie d'avoir lieu immédiatement, auquel cas une nouvelle respiration anaérobie va intervenir et provoquer une **dette en oxygène**.

Certains micro-organismes comme les levures et certaines bactéries fonctionnent longtemps en anaérobie, sans oxygène, et l'énergie ainsi produite leur suffit.

• **Respiration aérobie**. Type de **respiration cellulaire** qui ne peut se produire qu'en présence d'oxygène libre. C'est la méthode utilisée par la plupart des êtres vivants pour produire le gros de leur énergie. Elle suit la **respiration anaérobie**. L'oxygène dissous et transporté par le sang parvient dans chaque cellule. Là, au niveau des **mitochondries***, il réagit avec l'**acide pyruvique** produit par la respiration anaérobie. Dioxyde de carbone et eau sont le résultat final de cette réaction. L'énergie ainsi libérée est stockée sous forme d'**ATP**.

La respiration aérobie est un exemple d'**oxydation** ou décomposition d'une substance en présence d'oxygène.

• **Dette en oxygène**. Situation se produisant en cas d'exercice physique intense. La demande d'oxygène des cellules musculaires est supérieure à ce qui peut être absorbé par les poumons. Il n'y en a plus assez dans les cellules pour oxyder l'acide pyruvique produit. Celui-là est alors transformé en acide lactique, moins toxique. Cet acide lactique s'accumule et on dit alors que l'organisme a une « dette » d'oxygène. Cette dette sera « remboursée » plus tard lorsque le sujet inspirera assez d'oxygène pour décomposer l'acide lactique.

*Mitochondrie, 11 ; Photosynthèse, 26.

• **ADP (adénosine diphosphate) et ATP (adénosine triphosphate)**. Deux substances d'un composé chimique appelé **adénosine** combiné avec respectivement deux ou trois **groupements phosphates**. Un groupement phosphate est un composé d'atomes de phosphore, d'oxygène et d'hydrogène combiné avec d'autres substances (seul ou dans une chaîne de groupements phosphates). Lors de la **respiration aérobie**, l'énergie libérée est impliquée dans des réactions au cours desquelles les molécules d'ADP sont transformées en molécules d'ATP (rattachement d'un troisième groupe phosphate).

L'énergie absorbée pour permettre ces réactions peut être considérée comme stockée sous forme d'ATP. Cette substance est facilement stockable dans les cellules grosses consommatrices d'énergie comme les cellules musculaires. Lorsque le muscle a besoin d'énergie, des réactions sont provoquées qui reconvertissent l'ATP en ADP. Ces substances représentent donc une réserve d'énergie qui sera libérée à la demande.

L'homéostasie

C'est le maintien par l'organisme d'un état d'**équilibre interne** (ex : température constante, composition chimique équilibrée, niveau et pression des liquides, **métabolisme basal***, etc.), absolument indispensable au bon fonctionnement de l'organisme. Cela requiert des systèmes très sensibles pour détecter tout écart à la normale et pour les corriger. Ces systèmes sont particulièrement efficaces chez les oiseaux et les **mammifères***. La détection de ces écarts est assurée par des organes spécialisés et encore affinée par des rétro-contrôles continuels. Le taux de glucose dans le sang, par exemple, est surveillé en permanence par le pancréas. S'il est trop élevé, le pancréas produit plus d'insuline* pour l'abaisser. Si cette baisse est trop forte, le pancréas réagit de nouveau (voir **hormones antagonistes**, page 106).

La plupart des réactions homéostatiques sont régulées par des hormones lesquelles sont à leur tour contrôlées par l'**hypothalamus***. Un exemple de l'importance de l'hypothalamus est la régulation de la température du corps. Les oiseaux et les mammifères sont **homéothermes**, c'est-à-dire qu'ils peuvent maintenir constante la température de leur corps (37° C chez l'homme), quelles que soient les conditions extérieures (au contraire chez les animaux **poïkilothermes**, la température varie avec celle du milieu extérieur). Dans l'hypothalamus se trouve une sorte de « thermostat », situé dans la région **préoptique**, qui détecte les variations de température du corps et envoie des instructions soit au centre de dépense de chaleur ou au centre d'accumulation de chaleur situés aussi dans l'hypothalamus. Ces zones envoient alors des ordres appropriés dans tout le corps.

***Hypothalamus**, 75 ; **Insuline**, 106 ; **Mammifères**, 113 ; **Taux métabolique**, 102.

Les hormones

Ce sont des « messagers » chimiques qui contrôlent diverses fonctions de l'organisme. Nous traitons ici uniquement des hormones produites par l'homme et les animaux qui lui sont les plus proches. Les plantes en produisent également (**phytohormones**) mais elles ne sont pas encore bien connues. Les hormones humaines sont secrétées par les **glandes endocrines***. Certaines n'agissent que sur certaines parties bien précises de l'organisme (**cellules cibles, organes cibles**) tandis que d'autres agissent sur le fonctionnement général. Le régulateur principal des hormones est l'**hypothalamus***. Il contrôle les sécrétions de nombreuses glandes, principalement par l'intermédiaire de l'**hypophyse*** qui elle-même contrôle d'autres glandes. L'hypothalamus ordonne à l'hypophyse de produire ses hormones en envoyant des **facteurs régulateurs** à son **lobe antérieur** et des influx nerveux à son **lobe postérieur**. Les sécrétions hormonales sont essentielles à l'**homéostasie***.

- **Facteurs régulateurs**. Substances chimiques particulières qui commandent la production d'un certain nombre d'hormones et donc l'activité de nombreuses fonctions vitales. Elles sont envoyées au **lobe antérieur** de l'**hypophyse*** par l'**hypothalamus***. Il en existe deux types : les **facteurs stimulants** qui favorisent la production d'hormones spécifiques, et les **facteurs inhibiteurs** qui bloquent leur sécrétion. Par exemple, la **FSHRF** et la **LHRF** provoquent la sécrétion des hormones **FSH** et **LH** (voir tableau) au début de la **puberté***. De nombreux facteurs régulateurs sont essentiels à l'**homéostasie***.

- **Hormones antagonistes**. Hormones qui produisent des effets opposés. Le **glucagon** et l'**insuline** en sont des exemples. Quand le taux de glucose dans le sang devient trop faible, le pancréas produit du glucagon pour le relever tandis qu'un taux élevé incite le pancréas à produire de l'insuline pour l'abaisser (voir **homéostasie**, page 105).

HORMONES
ACTH. - Adrénocorticotropine ou **corticostimuline**
TSH. - Thyréostimuline
STH ou **HGH**. - **Somatotropine** ou **hormone somatotrope**
FSH. - Folliculo-stimuline
LH. - Lutéinisante (femme). - **ICSH** homme
PR. - Prolactine
Ocytocine
ADH. - Vasopressine
Thyroxine
TCT. - Calcitonine
PTH. - Parathyrine
Adrénaline **Noradrénaline**
Aldostérone
Cortisone **Hydrocortisone**
Œstrogène (folliculine) **Progestérone** (lutéine)
Androgène **Testostérone**
Gastrine
CCK. - Cholecystokinine
Secrétine PZ
Entérocrinine
Insuline
Glucagon

***Glandes endocrines**, 69 ; **Homéostaise**, 105 ; **Hypothalamus**, 75 ; **Hypophyse**, 69 ; **Puberté**, 90.

LIEU DE PRODUCTION	RÔLES
Hypophyse (lobe antérieur), page 69	Stimulation de la production d'hormones par le **cortex** des **glandes surrénales**.
Hypophyse (lobe antérieur), page 69.	Stimule la production de **thyroxine** par la **glande thyroïde**.
Hypophyse (lobe antérieur), page 69	Stimule la croissance par augmentation du taux de transformation des acides aminés en protéines.
Hypophyse (lobe antérieur), page 69	Chez la femme, associée à la **LH**, stimule le développement de l'ovule et la sécrétion d'**œstrogène** dans les follicules (p. 89) au début du **cycle menstruel** (p. 90). Chez l'homme, stimule la production de **spermatozoïdes** (p. 93).
Hypophyse (lobe antérieur), page 69	Stimule l'**ovulation** (p. 90), la formation du **corps jaune** (p. 90) et la sécrétion d'œstrogène et de **progestérone** avec lesquels il favorise l'épaississement de la **muqueuse utérine** (p. 89). Chez l'homme, stimule la production d'**androgènes**.
Hypophyse (lobe antérieur), page 69	Associée à la **LH**, stimule la production d'hormones par le **corps jaune** (p. 90). Après l'accouchement, stimule la production de lait chez la mère.
Hypothalamus, p. 75. Se forme dans le **lobe postérieur de l'hypophyse**	Stimule les contractions de l'**utérus** (p. 89) pendant l'accouchement et l'excrétion du lait.
Hypothalamus, p. 75. Se forme dans le **lobe postérieur de l'hypophyse.**	Accroît le taux de réabsorption de l'eau dans les **tubules urinifères** (P. 73) par le sang.
Glande thyroïde, page 69	Accroît le rythme d'assimilation alimentaire et accroît donc l'énergie disponible et la température du corps. Associée à la chez l'enfant, régule la croissance et le développement. Contient de l'iode.
Glande thyroïde, page 69	Abaisse le taux de calcium et de phosphore (stockés dans les os) dans le sang.
Glandes parathyroïdes, page 69	Accroît le taux de calcium dans le sang. Abaisse le taux de phosphore.
Glandes surrénales (medulla), p. 69. Terminaisons nerveuses. Sécrétée lors d'un danger.	Incite le foie à libérer plus de glucose dans le sang pour fournir plus d'énergie. Stimule l'accroissement du rythme cardiaque, respiratoire et contracte les vaisseaux sanguins.
Glandes surrénales (cortex), page 69	Accroît le taux de sodium et d'eau dans le sang par réabsorption à partir des tubules urinifères (p. 73).
Glandes surrénales (cortex), page 69	Stimule l'accroissement du rythme d'assimilation alimentaire (demande d'énergie et résistance à l'effort). Diminue l'inflammation.
Follicules ovariens principalement, p. 89 et **corps jaune**, p. 90. Egalement **placenta** durant la grossesse.	L'œstrogène active le développement des **caractères sexuels secondaires** lors de la **puberté**. Associés à la progestérone, ils préparent les **glandes mammaires** à la production de lait. Œstrogène et progestérone associés à la **LH** provoquent l'épaississement de la muqueuse utérine.
Cellules interstitielles des testicules principalement, p. 88	Activent le développement des **caractères sexuels secondaires** à la **puberté**.
	Stimule la production des **sucs gastriques** (p. 108).
Cellules de l'intestin grêle	Stimule l'ouverture du **sphincter d'Oddi**, la contraction de la **vésicule biliaire** et la libération de la **bile** (p. 69).
Cellules de l'intestin grêle	Stimule la production et la sécrétion du **suc pancréatique** (p. 108).
Cellules de l'intestin grêle	Stimule la production des **sucs intestinaux** (p. 108).
Pancréas	Incite le foie à transformer plus de glucose en glycogène pour stockage (p. 101). Accélère également le transport du glucose vers les cellules.
Pancréas	Stimule la transformation par le foie de glycogène en glucose (p. 101) et la transformation de graisses et de protéines en glucose.

Sucs digestifs et enzymes

Tous les sucs digestifs* du corps humain, libérés dans le tube digestif par les glandes digestives*, contiennent des **enzymes*** qui contrôlent la décomposition des aliments en substances solubles simples. Les enzymes digestives peuvent être classées en trois catégories : les **amylases** (ou **diastases**) qui décomposent les **hydrates de carbone*** en **monosaccharides**, les **protéinases** (ou **peptidases**) qui décomposent les protéines en acides aminés* en brisant les liaisons peptidiques et les **lipases** qui décomposent les **graisses** en **glycérol** et acides gras. Le tableau ci-dessous présente les différents sucs gastriques du corps avec leurs enzymes et leurs effets.

Suc : Salive

Produit par : Glandes salivaires* (bouche)

Enzyme : Amylase salivaire ou **ptyaline**

Effets : Commence la décomposition de l'**amidon** et des **hydrates de carbone***

Produit final : Un peu de **dextrine** et des **polysaccharides** plus simples.

Suc : Suc gastrique

Produit par : Glandes gastriques (paroi de l'estomac)

Enzymes :
1. **Pepsine (protéinase)** voir note 2.
2. **Rennine (protéinase)** uniquement chez l'enfant.
3. **Acide chlorhydrique.**
4. **Lipase gastrique** (surtout chez l'enfant).

Effets :
1. Commence la décomposition des **protéines*** **(polypeptides** complexes).
2. Associée au calcium, fait cailler le lait pour décomposer ses **protéines (caséine)** voir note 3.
3. Active la **pepsine** (note 2), caille le lait chez l'adulte (note 3) et tue les bactéries.
4. Commence la décomposition des **graisses*** du lait.

Produit final :
1. **Polypeptides** plus simples.
2. 3. Lait caillé.
4. Composés intermédiaires.

Suc : Bile

Produit par : Foie. Stockée dans la **vésicule biliaire***.

Constituants : Sels et **acides biliaires**.

Effets : Décompose les **graisses*** et les produits intermédiaires en particules plus petites par **émulsification**.

Suc : Suc pancréatique

Produit par : Pancréas

Enzymes :
1. **Trypsine (protéinase)** voir note 2
2. **Chymotrypsine (protéinase)** voir note 2
3. **Carboxypeptidase (protéinase)** voir note 2
4. **Amylase pancréatique** (ou **amylopsine**)
5. **Lipase pancréatique**

Effets :

1, 2, 3 : Poursuit la décomposition des **protéines* (polypeptides** longs et courts).

4. Poursuit la décomposition des **hydrates de carbones***.
5. Décompose les particules des graisses.

Produit final :

1, 2, 3 : Dipeptides et **acides aminés.**

4. **Maltose (disaccharide).**
5. **Glycérol** et **acides gras.**

Suc : Suc intestinal

Produit par : Glandes intestinales* de la paroi de l'intestin grêle.

Enzymes :
1. **Maltase (amylase**).
2. **Sucrase** ou **invertase** ou **saccharase** (**amylase**).
3. **Lactase (amylase).**
4. **Entérokinase**, voir note 2.

Effets :
1. Décompose le **maltose (disaccharide).**
2. Décompose le **sucrose (disaccharide).**
3. Décompose le **lactose (disaccharide).**
4. Complète la décomposition des **protéines*** **(dipeptides).**

Produit final :
1. **Glucose** ou **dextrose (monosaccharide).**
2. **Glucose** et **fructose (monosaccharides).**
3. **Glucose** et **galactose (monosaccharides).**
4. **Acides aminés.**

Notes

1. Très peu de **dextrine** est produite à ce stade car la nourriture ne séjourne pas dans la bouche assez longtemps. La plupart des hydrates de carbone transitent sans être modifiés.

2. Les **protéinases** sont d'abord sécrétées sous une forme inactive pour leur éviter de digérer le tube digestif lui-même composé de **protéines**. Elles sont activées après avoir franchi la **muqueuse*** protectrice du tube digestif. L'**acide chlorhydrique** change le **pepsinogène** (inactif) en **pepsine**, l'**entérokinase** change le **trypsinogène** en **trypsine**, puis la trypsine change le **chymotrypsinogène** et la **procarboxypeptidase** en **chymotrypsine** et en **carboxypeptidase**.

3. L'action de la **rennine** et de l'**acide chlorhydrique** qui caillent le lait est nécessaire car, sans cela, le lait liquide traverserait le système digestif trop rapidement pour être digéré.

***Acides aminés**, 100 (protéines); **Hydrates de carbone**, 100; **Sucs digestifs**, 68; **Enzymes**, 103; **Graisses**, 100: **Vésicule biliaire**, 69; **Glandes gastriques**, **Glandes intestinales**, 68; **Muqueuse**, 67; **Glandes salivaires**, 68.

Termes employés

Polysaccharides. Hydrates de carbone* les plus complexes. Ils sont composés d'une chaîne de molécules **monosaccharides**. La plupart des hydrates de carbones absorbés par le corps sont des polysaccharides comme l'**amidon** (principal polysaccharide des plantes comestibles) et le **glycogène** (principal polysaccharide de la viande animale). Voir amidon et glycogène, page 101.

Disaccharides. Composés de 2 molécules **monosaccharides** qui sont soit des stades intermédiaires de la décomposition des **polysaccharides** (cas des **sucrose** et **lactose**) soit absorbés tels quels.
Le sucrose est présent dans la betterave à sucre et dans la canne à sucre, le lactose dans le lait.

Monosaccharides. Hydrates de carbone les plus simples. Ils proviennent presque tous de la décomposition des **polysaccharides**. Le **fructose**, monosaccharide, est absorbé (jus de fruits) ou vient de la décomposition du **sucrose**. Le **glucose** est le résultat final de toutes les décompositions des hydrates de carbone (fructose et **galactose** sont transformés en glucose dans le foie).

Polypeptides. Protéines complexes de l'alimentation absorbées par le corps. Chacune est une chaîne de centaines ou de milliers de molécules d'**acides aminés*** (voir protéines, page 100).

Dipeptides. Chaînes de 2 molécules d'**acides aminés***, constituant un stade intermédiaire dans la décomposition des **polypeptides**.

Les vitamines et leurs rôles

Vitamine A (rétinol)

Présente dans : Foie, reins, huile de foie de poissons, œufs, laitages, margarine, pigments verts et jaunes (carotène) des fruits et légumes (tomates, carottes, etc.).

Rôles : Maintient le bon état général des cellules épithéliales* (parois), contribue à la croissance (particulièrement os et dents). Essentielle à la vision en lumière faible (formation de rhodopsine, pigment* photosensible, présente dans les cellules en bâtonnets de la rétine*). Contribue à la lutte contre l'infection.

Complexe vitaminique B

Groupement de plusieurs vitamines associées parmi lesquelles : la **thiamine** (B1), la **riboflavine** (B2), la **niacine** ou **acide nicotinique** (B3), l'**acide pantothénique** (B5), la **pyridoxine** (B6), la **cyanocobalamine** (B12), l'**acide folique** (**Bc** ou **M**), la **biotine** (parfois appelée **vitamine H**), la **lécithine**.

Présentes dans : levure, foie, pain complet (sauf B12), germe de blé, légumes verts (sauf B12, absente de tous produits végétaux), laitages (surtout B2 et B12, très abondantes), œufs, noix, poissons, viande maigre, reins, pommes de terre. La B6, l'acide folique et la biotine sont également produits par des bactéries de l'intestin.

Rôles : Essentielles à la croissance et à la santé des tissus : muscles (B1, B6), nerfs (B1, B3, B6, B12), peau (B2, B3, B5, B6, B12), cheveux (B2, B5), à l'équilibre de nombreuses fonctions organiques (B5, B6, lécithine). La plupart (B1, B2, B3, B5, B6, B12) sont des **co-enzymes*** très importantes dans la **respiration cellulaire***. De nombreuses (B2, B6, B12) sont des co-enzymes dans le stockage de **protéines*** de croissance, de régulation ou de défense contre l'infection. B12 et acide folique sont vitales dans la formation des globules sanguins et B5 et B6 dans l'élaboration des **neurotransmetteurs***.

Vitamine C (acide ascorbique)

Présente dans : Légumes verts, pommes de terre, tomates, agrumes.

Rôles : Nécessaire à la croissance et à la santé des tissus (peau, vaisseaux sanguins, os, gencives, dents, etc.). Co-enzyme* très importante de nombreuses réactions métaboliques (décomposition des protéines* et réagencement des acides aminés* en nouvelles protéines, particulièrement le collagène (voir tissu conjonctif, page 52). Participe à la lutte contre l'infection et facilite la cicatrisation.

Vitamine D (calciférol)

Présente dans : Foie, huiles de foie de poisson, poissons gras, laitages, jaune d'œuf, margarine, substance (provitamine D3) des cellules de la peau (transformée en vitamine D à la lumière solaire).

Rôles : Essentielle pour l'absorption du calcium et du phosphore et leur fixation dans les os et les dents. Peut s'associer avec l'**hormone PTH***.

Vitamine E (tocophérol)

Présente dans : Viande, jaune d'œuf, feuilles des légumes verts, noix, laitages, margarine, céréales, pain complet, germe de blé, graines et huiles végétales.

Rôles : Imparfaitement connue. Semblerait impliquée dans la formation de l'**ADN***, de l'**ARN***, des globules rouges, dans le processus de la fécondité et dans l'assimilation des aliments au sein des cellules musculaires.

Vitamine K (phylloquinone ou ménaquinone)

Présente dans : Foie, fruits, noix, céréales, tomates, légumes verts (surtout chou, chou-fleur et épinard). Egalement produite par des bactéries de l'intestin.

Rôles : Essentielle à la formation dans le foie de la prothrombine* (nécessaire à la coagulation du sang).

* **Acides aminés**, 100 (protéines); **Hydrates de carbone**, 100; **Enzymes**, **Co-enzymes**, 103; **ADN**, **Acides nucléiques**, 96; **Epithélium**, 82; **Respiration cellulaire**, 104; **Neurotransmetteurs**, **Synapse**, 77; **Pigments**, 27; **Prothrombine**, 59; **PTH**, 106; **Rétine**, 85; **ARN**, **Acides nucléiques**, 96.

La classification des êtres vivants

La classification ou **taxonomie** est le regroupement des êtres vivants en différentes catégories selon leurs caractéristiques communes. Le principal mode de classification (taxonomie classique) est fondé essentiellement sur des caractères morphologiques (voir aussi page 114). Le plus élémentaire des regroupements est celui de l'**espèce**, constituée d'individus semblables mais pas identiques. Les espèces proches sont groupées en **genres**, les genres en **familles**, puis en **ordres**, en **classes**, en **phylum** (chez les animaux) ou en **divisions** (chez les plantes) puis en **sous-règnes** et enfin en **règnes**. Les tableaux suivants sont présentés dans un ordre inverse, allant des grands groupes vers les plus petits. Certains phylum qui comportent peu d'espèces ne comportent pas tous les échelons cités : on saute parfois directement d'un phylum à un ordre, une famille, un genre ou même parfois une espèce. A l'inverse, dans d'autres cas, il existe des groupes intermédiaires — **sous-classes** et **sous-phylum**. Les tableaux des pages suivantes ne décrivent les groupements que jusqu'aux classes (malgré quelques exceptions dans le cas des mammifères, page 113).

Il est à noter qu'il existe encore des points de contestation dans la classification des plantes et des animaux. Certains groupes d'êtres primitifs ont des caractères si différents des animaux et des végétaux typiques que les taxonomistes en ont fait des règnes séparés (voir notes 1 et 2).

Les notes accompagnant les tableaux des végétaux et des animaux, pages 110-113, décrivent les différences principales. De plus, nous présentons sur ces pages deux classifications parmi les plus couramment utilisées pour le règne végétal, au lieu d'une seule pour le règne animal.

Le règne végétal

Tableau 1

SOUS-RÈGNE : **Tallophytes**. Ni racines, ni tiges, ni feuilles, ni embryon* proprement dit.

DIVISION des Schizomycètes. Bactéries. Organismes unicellulaires très communs. Certains sont pathogènes (provoquent des maladies), d'autres sont utiles (décomposition des organismes morts, par ex.).

DIVISION des Myxomycètes. Moisissures gélatineuses. Organismes très simples. Ni membranes cellulaires*, ni chlorophylle*. Vivent sur matières en décomposition. Reproduction par spores*.

DIVISION des Eucomycètes. Champignons. Unicellulaires ou en filaments pluricellulaires (hyphes) qui forment un réseau (mycélium) sur les matières mortes dont elles se nourrissent. Membranes cellulaires* mais pas de chlorophylle*. Utiles comme fossoyeurs et comme agents de fermentation (bière, vin). Certains produisent des antibiotiques de premier plan (pénicilline). Reproduction par spores*.

Les autres divisions de ce sous-règne regroupent les **algues**, plantes simples des eaux douces, salées et des lieux humides. Toutes possèdent de la **chlorophylle*** (voir note 2) et les plus grandes (algues marines) présentent un corps en forme de long ruban, le **thalle**.

DIVISION des Cyanophytes. Algue bleue. Algue primitive uni- ou pluricellulaire. **Membranes cellulaires***, **pigment*** bleu-vert appelé **phycocyanine**. Communes et présentes même dans les sources chaudes et les eaux arctiques.

DIVISION des Euglénophytes. Algues unicellulaires. Pas de **membrane cellulaire***. **Flagelles***. Communes dans les eaux douces.

DIVISION des Chrysophytes. Algue dorée. Unicellulaire à **membrane cellulaire*** et **flagelle***. Groupe très diversifié. Vit dans les eaux douces, salées et lieux humides.

DIVISION des Pyrrophytes. Algue flamboyante. Unicellulaire à flagelle. Pas de membrane.

DIVISION des Bacillariophytes. Diatomées. Unicellulaires à enveloppe dure. Vivent dans l'eau douce et salée en **colonies**, mais parfois isolées.

DIVISION des Xanthophytes. Algue jaune-vert. Principalement unicellulaire. **Membrane*** et **pigment*** (**xanthophylle**). Vit dans les eaux douces, salées et les lieux humides.

DIVISION des Rhodophytes. Algue rouge. Pluricellulaires à membranes et pigments* rouges et bleus. Vivent principalement dans la mer.

DIVISION des Phæophytes. Algue brune. Pluricellulaires à **membranes***. Comprennent toutes les algues marines communes. Couleurs du vert olive au brun. Chacune s'attache à son support par un disque à crampons. Ex. : le varech.

DIVISION des Chlorophytes. Algue verte. Le groupe le plus important. Uni- ou pluricellulaire. **Membranes cellulaires***. Vivent en énormes colonies surtout dans l'eau douce, parfois dans l'eau salée et les lieux humides.

SOUS-RÈGNE : **Embryophytes. Membranes cellulaires***, **chlorophylle***, racines, tiges et feuilles. Membrane protectrice caractéristique autour de l'**embryon***.

DIVISION des Bryophytes. Racines, tiges et feuilles mais pas de **tissu vascularisé***. La plupart présentent des tiges très courtes qui portent des feuilles en paquets serrés (chez les mousses) ou des excroissances plates (chez les hépatiques). Racines filamenteuses, les **rhizomes**, qui s'étalent en surface au lieu de s'enfoncer dans le sol. Plantes terrestres que l'on trouve parfois en terrain humide. Trois classes :

* **Membrane cellulaire**, 10; **Chlorophylle**, 27; **Embryon**, 93; **Flagelle**, 40; **Pigment**, 27; **Spores**, 92; **Tissu vascularisé**, 14.

Classe des **Hépatiques**.

Classe des **Mousses**

Classe des **Anthocérotales**

DIVISION des Trachéophytes. Racines, tiges, feuilles et **tissu vascularisé***.

Subdivision des **Ptéridophytes**. Ni fleurs ni graines.

4 classes :

1. Classe des **Psilotales**. Primitives, reliées d'assez loin aux fougères.

2. Classe des **Lycopodiales**. Mousses primitives, rampantes, **persistantes**, reliées aux fougères. Remontent aux temps préhistoriques.

3. Classe des **Equisetales**. Touffes. Reliées aux fougères mais peuvent vivre avec moins d'humidité et moins d'ombre. Formes géantes aux temps préhistoriques.

4. Classe des **Filicales**. Fougères. Vivent en milieu humide et ombragé. Présentent des **frondes bipennées*** (tiges et feuilles combinées) qui portent les **spores***.

Subdivision des **Spermatophytes**. Graines. Deux classes :

1. Classe des **Gymnospermes**. Graines non contenues dans un fruit, pas de fleurs.

sous-classes :

a) Sous-classe des **Cycadales**. Primitive, forme palmée.

b) Sous-classe des **Coniférales**. Feuilles persistantes*, la plupart pointues (aiguilles). Eléments reproducteurs en cônes. **Ovules*** se développant sur les écailles externes des cônes femelles, pas de fleurs, **pollen*** sur les écailles des cônes mâles.

c) Sous-classe des **Gingkoales**. Un seul représentant vivant : le gingko.

d) Sous-classe des **Gnétales**. Seulement 3 genres, dont le Welwitschia (plante du désert à larges feuilles épaisses).

2. Classe des **Angiospermes**. Graines contenues dans un fruit. Fleurs.

2 sous-classes :

a) Sous-classe des Dicotylédones. Ont 2 **cotylédons*** (rose, bouton d'or).

b) Sous-classe des Monocotylédones. Ont 1 **cotylédon*** (graminée, lis).

Tableau 2 (cf. tableau 1 pour descriptions)

Tallophytes (terme non officiel)

DIVISIONS : Schizophytes
Myxomycètes
Eucomycètes
Cyanophytes
Euglénophytes
Chrysophytes
Pyrrophytes
Bacillariophytes
Xanthophytes
Rhodophytes
Phæophytes
Chlorophytes

Embryophytes : terme non officiel

DIVISION : Bryophytes

Classes :
Hépatiques
Mousses
Anthocérotoc

Trachéophytes : terme non officiel

Ptéridophytes : terme non officiel

DIVISIONS : Psilophytes (tableau 1 : **Psilotales**)
Lycophytes (tableau 1 : **Lycopodiales**)
Sphénophytes (tableau 1 : **Equisetales**)
Ptérophytes (tableau 1 : **Filicales**)

Spermatophytes : terme non officiel

Gymnospermes : terme non officiel

DIVISIONS :
Cycadophytes (tableau 1 : sous-classe des **Cycadales**)
Coniférophytes (tableau 1 : sous-classe des **Coniférales**)
Gingkophytes (tableau 1 : sous-classe des **Gingkoales**)
Gnétophytes (tableau 1 : sous-classe des **Gnétales**)

Angiospermes : terme non officiel

DIVISION : Anthophytes (tableau 1 : classe des **Angiospermes**)

Classe des Dicotylédones (tableau 1 : sous-classe des **Dicotylédones**)

Classe des Monocotylédones (tableau 1 : sous-classe des **Monocotylédones**)

Notes

1. Les bactéries et les algues bleues (divisions des **Schizophytes** et des **Cyanophytes**) n'ont pas de **noyau*** et ne sont donc ni de vraies plantes ni de vrais animaux. Pour cette raison, on les classe parfois dans un règne séparé, avant plantes et animaux, le règne des **Procaryotes**, ce qui signifie « sans noyau » (avec noyau : **eucaryote**).

2. Certaines algues unicellulaires (particulièrement des divisions **Euglénophytes**, **Chrysophytes** et **Pyrrophytes**) ont des caractéristiques à la fois végétales et animales (elles peuvent « manger » de la nourriture mais aussi en fabriquer par **photosynthèse***, certaines ont des **flagelles*** et d'autres n'ont pas de **membrane cellulaire***). Pour cette raison, on les classe parfois dans un règne séparé, le règne des **Protistes** (entre les **Procaryotes** et les plantes). Ce règne pourrait inclure les **Protozoaires** (voir page 112).

3. Les moisissures et les champignons (divisions des **Myxomycètes** et des **Eumycophytes**) ont peu de rapport avec les plantes (pas de **chlorophylle***) mais n'en ont pas plus avec les animaux. Pour cette raison, on les classe parfois dans un règne séparé, le règne des Champignons (voir notes 1 et 2) entre les **Protistes** et les plantes.

* **Bipenné**, 22; **Membrane cellulaire**, 10; **Chlorophylle**, 27; **Cotylédon**, 33; **Persistant**, 8; **Flagelle**, 40; **Noyau**, 10; **Ovules**, 30; **Photosynthèse**, 26; **Pollen**, 30; **Spores**, 92; **Tissu vascularisé**, 14.

Le règne animal

Consulter l'introduction, page 110. Comme pour la classification des plantes, ce tableau range les animaux par ordre de complexité croissante. Les principaux caractères de complexité chez les animaux sont mentionnées une fois pour toutes à leur première apparition dans cette hiérarchie : ce sont les intestins, le système circulatoire, le système nerveux, une vraie cavité générale, l'ébauche d'une segmentation*, une ébauche de squelette et l'existence de poumons (voir aussi pages 36-37). Toutes les autres mentions font référence aux caractères particuliers du groupe considéré.

Dans la classification animale, il y a un certain nombre d'êtres extrêmement primitifs (certains vers, en particulier) qui font partie de minuscules groupes non mentionnés ici.

SOUS-RÈGNE des **Protozoaires**

PHYLUM des **Protozoaires**. Seul Phylum dont le nom est celui du sous-règne. Unicellulaires, principalement aquatiques, certains sont **parasites***. Amibes, paramécies.

Classes : Flagellés, Sarcodinés, Ciliés, Sporozoaires, Microsporés.

SOUS-RÈGNE des **Parazoaires**

PHYLUM des **Porifères**. Phylum unique. Masses poreuses non mobiles composées de millions d'organismes unicellulaires (voir **colonies** page 114). Eponges.

Classes : Calcarées, Démospongiées, Sclérospongiées, Hexactinellidées (ou **Triaxonidées** ou **Hyalospongiées**).

SOUS-RÈGNE des **Métazoaires**. Tout le reste du règne animal (**pluricellulaires**).

PHYLUM des **Cœlentérés**. Animaux aquatiques à **tentacules***. Un seul orifice corporel. Déplacement par contractions musculaires. Anémones de mer, méduses, hydres.

Classes : Hydrozoaires, Scyphozoaires, Anthozoaires (ou **Actinozoaires**).

PHYLUM des **Cténophores**. Animaux marins, gélatineux, très semblables aux cœlentérés mais se déplaçant à l'aide de cils* vibratiles.

Classes : Tentaculés, Nudés.

PHYLUM des **Plathelminthes**. Une bouche et un système d'excrétion primitif. Vers plats (**parasites*** : douve du foie, ténias).

Classes : Turbellariés, Cestodes, Cestodariés, Monogènes, Digènes, Aspidogastrés.

PHYLUM des **Némertiens**. Longs vers marins, plats. Un vrai intestin (de la bouche à l'**anus***), un système circulatoire primitif et un organe de succion (**proboscis**).

Classes : Anopiés, Enopiés.

PHYLUM des **Ascelminthes**. Vers aquatiques. Souvent **parasites***.

Classes : Nématodes, Rotifères, Gastrotriches, Kinorhyncha, Priapulidés, Nématomorphes.

PHYLUM des **Annélidés**. Les plus évolués des vers. Cavité corporelle tubulaire et segmentée, systèmes circulatoire et nerveux. Soies fines facilitant la progression.

Classes : Polychetes (vers marins), **Oligochetes** (vers d'eau douce, vers de terre), **Hipudinées** (sangsues).

PHYLUM des **Mollusques**. Corps mou, coquille calcaire, une tête et un pied musculeux qui permet la reptation ou le creusement. Principalement aquatiques.

3 classes mineures : Scaphopodes, Monoplacophores, Amphineures.

3 classes importantes :

Gastropodes. Univalves (coquille d'une seule pièce). Escargots, berniques.

Lamellibranches ou **Bivalves**. Coquille en deux parties à charnière. Huîtres, coques, moules.

Céphalopodes. Mollusques à tentacules* et yeux bien développés. Pieuvres, calamars, seiches.

PHYLUM des **Arthropodes**. Squelette externe rigide et appendices articulés.

Sous-Phylum : Chelicerates. Pièces buccales en forme de pinces.

Classes : deux mineures : **Mérostomes** et **Pycnogonidés** (cigales de mer)

Une plus importante : **Acariens, Arachnides** (8 pattes). Araignées, scorpions.

Sous-Phylum : Crustacés. 1 classe de même nom : **Crustacés**. Principalement aquatiques, **branchies*** sur les appendices, 2 paires d'**antennes***. Langoustes, homards, cloportes.

Sous-Phylum : Uniramia. 1 paire d'**antennes***, terrestres.

3 classes mineures : Onychophores, Symphyles, Pauropodes.

3 classes importantes :

Chilopodes. Chaque segment possède une paire de pattes. **Carnivores***.

Diplopodes. Chaque segment possède deux paires de pattes. **Herbivores***.

Insectes. 3 paires de pattes et 2 paires d'ailes. Scarabées, fourmis, papillons.

* **Antennes**, 46; **Anus**, 67; **Carnivores**, 6; **Cils**, 40; **Branchies**, 45; **Herbivores**, 6; **Parasites**, 114; **Segmentation**, 36; **Tentacules**, 47.

PHYLUM des **Echinodermes**. Animaux marins à squelette calcaire sous-cutané. D'ordinaire présentent une symétrie rayonnante à 5 branches et une peau à piquants.

Classes : Astéroïdes, Ophiurides, Echinidés, Holothurides, Crinidés.

PHYLUM des **Chordés**. Possèdent à un moment ou un autre de leur existence, une **notochorde** (chaîne de cellules rigides courant le long du corps).

2 sous-phylum mineurs : **Urochordés** (tuniciers), **Céphalochordés** (acraniens).

1 sous-phylum important : Crâniés ou **Vertébrés**. Notochorde remplacée par colonne vertébrale (voir note 7). Cerveau bien développé.

2 classes mineures : Poissons sans mâchoires. Cyclostome, Myxine et Céphalospideomorphes (lamproie).

6 classes importantes :

Elasmobranches. Poissons à squelette **cartilagineux***, ailerons et **branchies***. Ex. : requins, raies.

Osteichthyens. Poissons à squelette osseux, nageoires, écailles et branchies. Ex. : Esturgeon, morue, hareng.

Amphibiens ou **Batraciens**. Terrestres mais doivent vivre près de l'eau. La plupart ont des poumons et pondent leurs œufs dans l'eau. Ex. : Grenouille, crapaud, salamandre.

Reptiles. Terrestres, peau sèche à écailles, pondent leurs œufs sur le sol. Ex. : Serpent, lézard, crocodile, tortue.

Oiseaux. Plumes, pondent des œufs. Ex. : Pingouin, rossignol, autruche, faucon.

Mammifères. Fourrure ou poils chez presque tous, la femelle produit du lait.

2 sous-classes :

Protothériens. Pondent des œufs. Ne comprennent qu'un seul ordre : les Monotrèmes. Fourmiliers et ornithorynques.

Thériens. Ne pondent pas d'œufs. 2 sous-classes précédant les ordres.

Sous-classes :

Marsupiaux. Les jeunes se développent dans l'**utérus*** pendant une courte période et terminent leur développement dans une poche entourant les glandes mammaires. Ex. : kangourou, opossum.

Placentaires. Les jeunes se développent dans l'**utérus*** jusqu'à la naissance, reliés à la mère par un **placenta*** hautement développé. Ex. : vache, souris, baleine, être humain.

Notes

1. Dans certaines classifications, la classe des **Sarcodinés** du phylum des **Protozoaires** possède 2 sous-classes, les Rhizopodes et les Actinopodes. Dans d'autres, ces 2 sous-classes ne sont pas mentionnées et leurs membres regroupés dans la classe des Sarcodinés. Dans ce cas, elle prend également le nom de classe des Rhizopodes.

2. Certaines classifications citent un autre sous-règne, celui des **Mésozoaires** entre les **Parazoaires** et les **Métazoaires**. Il n'a qu'un phylum, également appelé Mésozoaire et regroupe des **parasites*** de moindre importance. Cette classification en sous-règne ou même en phylum est très contestée et beaucoup considèrent ces parasites comme des formes particulières des vers plats (phylum des **Plathelminthes**).

3. Dans certaines classifications, les classes des **Monogènes** et des **Digènes** du phylum des **Plathelminthes** sont regroupées dans la classe unique des **Trématodes**.

4. Dans certaines classifications, la classe des **Onychophores** du phylum des **Arthropodes** devient un phylum en soi dans la mesure où ses membres ont les caractères à la fois des Arthropodes et des **Annélides**.

5. Dans certaines classifications, le phylum des **arthropodes** n'a aucun sous-phylum mais simplement les mêmes 10 classes. Dans d'autres, il n'y a toujours pas de sous-phylum mais seulement 7 classes. Les classes **Pauropodes**, **Symphyla**, **Chilopodes** et **Diplopodes** sont regroupées dans la classe unique des **Myriapodes**. Mais dans la plupart des cas, « **myriapode** » est un terme non officiel.

6. Les sous-phylum des **Urochordés** et des **Céphalochordés** sont parfois regroupés sous le terme « **protochordés** », bien que ce ne soit qu'un terme non officiel. On y retrouve également parfois le phylum mineur des **Hémichordés**, car ses membres présentent des caractères des Chordés.

7. Le terme **crânié** signifie « muni d'un crâne », ce qui est vrai pour tous les membres du sous-phylum des **Crâniés**. L'autre terme de **Vertébrés** appliqué à ce sous-phylum signifie « muni d'une colonne vertébrale », ce qui n'est pas tout à fait exact puisque les membres de la classe primitive des **Myxines** n'en possèdent pas.

8. Les **invertébrés** sont tous les animaux sans colonne vertébrale, c'est-à-dire depuis le début de la classification jusqu'au sous-phylum des **Vertébrés** exclu (voir cependant note 7).

9. Les deux classes des **Myxines** et **Céphalospidomorphes** (lamproies), seuls membres du sous-phylum des **Vertébrés** à ne pas posséder de mâchoires, sont parfois regroupées sous le terme **Agnathes**. Les autres classes du sous-phylum (dont tous les membres possèdent des mâchoires), sont appelées **Gnathostomes**. Mais ces deux termes ne sont pas reconnus officiellement.

10. Les classes des **Myxines**, **Céphalospidomorphes**, **Elasmobranches** et **Ostéichthyens** du sous-phylum des **Vertébrés** sont parfois regroupées sous le terme générique de « **poissons** », qui n'est pas un terme officiel de classement.

11. Les classes du sous-phylum des **Vertébrés** sont parfois partagées en deux groupes, les **Amniotes** (**reptiles**, **oiseaux**, **mammifères**) et les **Anamniotes** (toutes les autres classes). Les Amniotes sont ceux dont les **embryons*** se développent au sein d'un **amnios**, d'un **chorion** et d'une **allantoïde** (voir pages 48 et 91).

* **Cartilage**, 53; **Embryon**, 93; **Branchies**, 45; **Parasites**, 114; **Placenta**, 91; **Utérus**, 89.

Termes usuels

Ci-dessous sont répertoriés les termes les plus employés pour regrouper les êtres vivants en catégories selon leur mode de vie et leurs ressemblances au plan écologique (voir page 9), contrairement à ceux employés dans les classifications scientifiques établies sur des ressemblances structurelles.

Végétaux

- **Xérophytes**. Plantes pouvant survivre de longues périodes sans eau (cactus).
- **Hydrophytes**. Plantes poussant dans l'eau ou en terrain très humide (roseau).
- **Mésophytes**. Plantes poussant dans une humidité modérée.
- **Halophytes**. Plantes pouvant vivre en milieu salin (œillet maritime).
- **Lithophytes**. Plantes poussant sur les rochers (certaines mousses).
- **Epiphytes**. Plantes utilisant d'autres plantes comme support, sans s'en nourrir (certaines mousses).
- **Saprophytes**. Plantes vivant sur des matières animales ou végétales en décomposition pour s'en nourrir sans être l'agent de leur décomposition (certains champignons).

Animaux

- **Prédateurs**. Animaux qui tuent d'autres animaux (proies) pour s'en nourrir (lion). Les oiseaux prédateurs (aigle, faucon) sont appelés rapaces.
- **Nécrophages**. Animaux qui se nourrissent de matières en décomposition, animales ou végétales (vers).
- **Fossoyeurs**. Animaux carnivores de grande taille qui se nourrissent de cadavres (hyène, vautour).
- **Territoriaux**. Animaux se constituant un territoire qu'ils défendent contre les intrusions, seuls ou en groupe (nombreux poissons, oiseaux ou mammifères). La notion de territoire va souvent de pair avec celle de parade sexuelle et d'accouplement.
- **Abyssaux**. Animaux vivant à de grandes profondeurs dans les lacs ou la mer.
- **Démersaux**. Animaux vivant sur le fond des lacs ou de la mer.
- **Sédentaires**. Dans le cas des oiseaux, désigne ceux qui ne **migrent*** pas.
- **Nocturnes**. Animaux actifs la nuit et dormant le jour (hiboux, chauve-souris).

Termes communs aux deux règnes

- **Insectivores**. Se nourrissent uniquement d'insectes (plantes carnivores, hérisson).
- **Parasites**. Vivent sur d'autres organismes vivants et s'en nourrissent (gui, puces). Ne sont pas tous nocifs pour l'**hôte**.
- **Symbiotes**. Deux êtres vivants étroitement associés (**symbiose**) tirant chacun parti de cette association. Les lichens des rochers en sont un bon exemple : association d'une algue qui fabrique de la nourriture par **photosynthèse*** et d'un champignon (inapte à la photosynthèse) qui retient dans ses filaments l'humidité indispensable à l'algue.
- **Commensaux**. Deux êtres vivants étroitement associés dont seul l'un d'eux tire parti de l'association (ver qui vit dans la même coquille que le bernard-l'ermite ou la souris que l'on trouve partout où il y a l'homme).
- **Sociaux**. Sociétés ou colonies sont synonymes pour les plantes mais de signification différente chez les animaux, il existe une nuance de quantité d'individus. Les lions, par exemple, sont des animaux sociaux mais leurs groupes ne sont jamais assez nombreux pour être appelés colonies. Chez les animaux vivant réellement en colonies on doit faire une différence entre les membres selon leur niveau d'interdépendance. Chez les fous de Bassan, par exemple, le terme de colonie n'est pas très approprié dans la mesure où il s'agit surtout d'un groupement d'individus restant ensemble principalement pour des raisons de sécurité. Chez les fourmis, au contraire, il existe plusieurs castes d'individus dont les rôles sont très diversifiés et qui dépendent étroitement les unes des autres. L'exemple de colonie au sens le plus interdépendant du terme est celui des individus microscopiques, inséparables et unicellulaires qui forment une seule masse vivante, comme les éponges.
- **Sessiles**. Chez les animaux, désigne ceux qui ne peuvent se déplacer. Ils sont fixés de manière permanente au sol ou à un objet (anémones de mer). Chez les plantes, ce sont celles ne possédant pas de tige (algues).
- **Pélagiques**. Organismes vivants dans la masse des eaux des lacs ou de la mer (ne pas confondre avec ceux vivants à de grandes profondeurs ou sur les fonds). Terme désignant les organismes depuis le plancton microscopique jusqu'aux baleines en passant par les poissons de toutes tailles. Les organismes de tailles moyenne et grande, qui sont tous des animaux, sont désignés sous le terme necton.
- **Plancton**. Organismes microscopiques, animaux (**zooplancton**) et végétaux (**phytoplancton**) en immenses colonies, vivants dans les grandes étendues d'eau (lacs, mers), en général près de la surface. C'est la nourriture de nombreux poissons et des baleines, et donc essentielle à la **chaîne alimentaire*** pélagique.
- **Littoraux**. Organismes aquatiques en bordure des lacs ou des mers (crabes, algues).
- **Benthos**. Ensemble des organismes animaux et végétaux (abyssaux, démersaux ou littoraux) vivant sur le fond des lacs ou des océans.

* **Chaîne alimentaire**, 6; **Migration**, 9; **Photosynthèse**, 26.

Index :

D

E

F

G

H

I

J

K

L

M

N

O

P

R

S

T

U

V

XY

Z